高等职业教育计算机类专业新形态教材

Photoshop图形图像处理

（活页式）

主　编　张　平
副主编　李晨光
主　审　刘　慧

北京理工大学出版社
BEIJING INSTITUTE OF TECHNOLOGY PRESS

内容简介

本书依据 Photoshop 图形图像处理的相关理论知识，结合案例内容进行编写，是一本针对性和实用性较强的活页式教材。内容涉及基本概念和具体案例操作，用制作"水果拼盘"案例作为学习起始，介绍绘图工具的使用。通过 15 个案例，将 Photoshop 的知识点涵盖其中，便于学生更好地掌握软件的使用。每个项目案例中都有学习表单，可以随用随取，便于学生更好地了解学习内容并掌握重点知识内容。

本书可以作为高职院校计算机类专业及其他相关专业的教材，还可以作为企业从业者的学习参考资料。

版权专有　侵权必究

图书在版编目（CIP）数据

Photoshop 图形图像处理 / 张平主编 .-- 北京：北京理工大学出版社，2021.9（2023.9 重印）

ISBN 978-7-5763-0301-8

Ⅰ.①P… Ⅱ.①张… Ⅲ.①图像处理软件 Ⅳ.① TP391.413

中国版本图书馆 CIP 数据核字（2021）第 183140 号

出版发行 / 北京理工大学出版社有限责任公司
社　　址 / 北京市丰台区四合庄路6号院
邮　　编 / 100070
电　　话 /（010）68914775（总编室）
　　　　　（010）82562903（教材售后服务热线）
　　　　　（010）68944723（其他图书服务热线）
网　　址 / http://www.bitpress.com.cn
经　　销 / 全国各地新华书店
印　　刷 / 河北鑫彩博图印刷有限公司
开　　本 / 787毫米×1092毫米　1/16
印　　张 / 9　　　　　　　　　　　　　　　责任编辑 / 钟　博
字　　数 / 221千字　　　　　　　　　　　　文案编辑 / 钟　博
版　　次 / 2021年9月第1版　2023年9月第2次印刷　责任校对 / 周瑞红
定　　价 / 49.80元　　　　　　　　　　　　责任印制 / 边心超

图书出现印装质量问题，请拨打售后服务热线，本社负责调换

PREFACE
前言

随着社会的进步，职业院校的教材也需要进行改革和更新，根据党的十九大精神和全国教育大会部署、组织开展"十三五"职业教育国家规划教材的建设工作通知，对编写教材有了新的要求，即开展工作手册式教材，这不仅是职业教育"三教"改革的重点内容之一，也是反映新知识、新技术、新工艺、新方法，提升国家服务产业高质量发展的能力体现。

教材是教学中最重要的知识补充，活页式教材可以提供简明易懂的技术知识，为此，我们专门参加了活页式、工作手册式教材的设计与使用等培训，走访了企业，与许多有经验的企业工作人员共同研究活页式教材的编写形式，最终与具有丰富教学经验的一线教师合编了本书。

本书共设计15个学习项目，每个学习项目包含学习性工作任务单、资讯单、计划单、决策单、实施单、检查单、评价单、教学引导文设计单、教学反馈单、分组单、教师实施计划单、成绩报告单12个表单，每学一个项目，都可以自由取下教材中的各个表单，比较适合有一定基础且即将走向工作岗位的大二、大三学生使用；内容上，融入了职业元素，根据企业岗位的要求进行编写，通过项目带动学习任务，以学生能在理论上够用为度，在实践上必会为本，使教材与行业同步发展。教材具体内容安排如下：

项目1：通过制作水果盘，将Photoshop的基础知识涵盖其中，如工作界面、文件的基本操作等。

项目2：通过制作彩色枫叶，介绍"钢笔工具"、路径等命令的使用。

项目3：通过制作彩虹人像，介绍图层蒙版、"选择并遮住"等命令的使用。

项目4：通过制作滑板海报，介绍"抠图"、文字工具、自由变换等命令的使用。

项目5：通过人物去斑美化制作，介绍图像菜单的使用方法及技巧。

项目6：通过文字变清晰的案例，介绍透视裁剪、色阶吸管、内容识别填充等命令的使用。

项目7：通过制作丁达尔光线，介绍RGB通道，以及吸管工具、滤镜等命令的使用。

项目8：通过制作雪花，介绍滤镜的进一步操作技巧。

项目9：通过人物美化，介绍通道的进一步使用技巧。

项目10：通过人物美化，介绍图层的混合模式与不透明度。

项目11：通过人物美化，介绍污点修复、复杂选区操作、滤镜操作、调整图层等命令的综合运用。

项目12：通过图案长裙，介绍图层、选区命令的综合操作。

项目13：通过照片换背景，介绍通道操作、选区操作、图像调整的综合运用。

项目14：通过制作动感汽车图像，介绍选择主体等命令的使用方法。

项目15：通过设计包装，介绍图层混合选项、多工作区操作、3D图层概念等。

本书配有精美的学习视频，并将素材整理打包，读者可以登录出版社网站自行下载。

本书由张平担任主编，李晨光担任副主编，邀请沈阳轼辙科技有限公司的刘慧作为企业指导教师，对案例和活页式教材中的表单进行完善和补充，编写过程中错误在所难免，欢迎读者批评指正。

编　者

CONTENTS
目录

项目1 制作水果盘 // 001
1.1 项目表单 // 001
1.2 理论指导 // 007
1.3 项目创新 // 013

项目2 制作彩色枫叶 // 014
2.1 项目表单 // 014
2.2 理论指导 // 020
2.3 项目创新 // 026

项目3 制作彩虹人像 // 027
3.1 项目表单 // 027
3.2 理论指导 // 033
3.3 项目创新 // 034

项目4 制作滑板海报 // 035
4.1 项目表单 // 035
4.2 理论指导 // 041
4.3 项目创新 // 045

项目5 人物美化——应用图像调整命令去斑 // 046
5.1 项目表单 // 046
5.2 理论指导 // 052
5.3 项目创新 // 057

项目6 文字变清晰 // 058
6.1 项目表单 // 058
6.2 理论指导 // 064
6.3 项目创新 // 065

项目7 制作丁达尔光线 // 066
7.1 项目表单 // 066
7.2 理论指导 // 073
7.3 项目创新 // 075

项目8 制作雪花 // 076
8.1 项目表单 // 076
8.2 项目创新 // 082

项目9 人物美化——应用滤镜去斑 // 083
9.1 项目表单 // 083
9.2 项目创新 // 090

项目10 人物美化——应用图层混合改变图片风格 // 091
10.1 项目表单 // 091
10.2 理论指导 // 098
10.3 项目创新 // 099

项目11 人物美化——美化人物皮肤 // 100
11.1 项目表单 // 100
11.2 项目创新 // 107

项目12 图案长裙 // 108
12.1 项目表单 // 108
12.2 项目创新 // 115

项目13 照片换背景 // 116
13.1 项目表单 // 116
13.2 项目创新 // 123

项目14 制作动感汽车图像 // 124
14.1 项目表单 // 124
14.2 理论指导 // 131
14.3 项目创新 // 131

项目15 设计包装 // 132
15.1 项目表单 // 132
15.2 项目创新 // 139

参考文献 // 140

项目 1 制作水果盘

PROJECT 1

1.1 项目表单

项目 1 制作水果盘

学习性工作任务单 1				
学习场	图形图像处理			
学习情境	制作图片			
学习任务	制作水果盘	学时	4 学时（180 分钟）	
工作过程	分析制作对象—确定图像参数—确定素材文件—制作图片—保存图片文件			
学习目标	1. 了解图像处理的基本概念 2. 熟悉 Photoshop（简称 PS）工作界面 3. 了解 Photoshop 文件操作 4. 了解图层的概念 5. 掌握复制、粘贴、调整图层大小等操作			
任务描述	利用给定的素材制作一张水果盘的图片			
学时安排	资讯 20 分钟	计划 10 分钟　决策 10 分钟	实施 100 分钟	检查 20 分钟　评价 20 分钟
学生要求	1. 安装好软件 2. 课前做好预习 3. 动手制作水果盘 4. 创新作品			
参考资料	1. 素材包 2. 微视频 3. PPT			

资讯单1

学习场	图形图像处理		
学习情境	制作图片		
学习任务	制作水果盘	学时	20分钟
工作过程	分析制作对象—确定图像参数—确定素材文件—制作图片—保存图片文件		
搜集资讯	1. 教师讲解 2. 互联网查询 3. 同学交流		
资讯描述	查看教师提供的资料，获取信息，便于绘制		
学生要求	1. 准备好学习用品及任务书 2. 课前做好预习 3. 动手制作水果盘 4. 创新作品		
参考资料	1. 素材包 2. 微视频 3. PPT		

计划单1

学习场	图形图像处理		
学习情境	制作图片		
学习任务	制作水果盘	学时	10分钟
工作过程	分析制作对象—确定图像参数—确定素材文件—制作图片—保存图片文件		
计划制订	同学分组讨论		

序号	工作步骤	注意事项
1	查看图像文件	
2	查询资料	
3	设计水果摆盘	水果的大小比例，前后顺序

计划评价	班级		第_____组	组长签字	
	教师签字		日期		
	评语：				

决策单 1

学习场	图形图像处理		
学习情境	制作图片		
学习任务	制作水果盘	学时	10 分钟
工作过程	分析制作对象—确定图像参数—确定素材文件—制作图片—保存图片文件		

计划对比				
序号	计划的可行性	计划的经济性	计划的可操作性	计划的实施难度	综合评价
1					
2					
3					
……					

决策评价	班级		第____组	组长签字	
	教师签字		日期		
	评语:				

实施单 1

学习场	图形图像处理		
学习情境	制作图片		
学习任务	制作水果盘	学时	100 分钟
工作过程	分析制作对象—确定图像参数—确定素材文件—制作图片—保存图片文件		

序号	实施步骤	注意事项
1	打开 5 个素材文件	可以按住 Ctrl 后进行复选
2	放置水果图片	全选、复制、粘贴快捷键分别是 Ctrl+A、Ctrl+C、Ctrl+V
3	自由变换图片	自由变换工具的快捷键是 Ctrl+T
4	用光标拖动图层调整上下层遮挡关系	图层从上至下依次为草莓、橘子、青苹果、香蕉、背景（盘子）
5	保存图片	弹出的 JPEG 选项中,品质对文件大小和显示质量均有影响

实施说明:
1. 启动 Photoshop 程序后不会显示图像窗口,需要打开或创建一个图像文件。
2. 复制图像时（复制选区图像除外）,系统将自动创建（复制）一个普通图层,并将复制的图像放置在该图层上。
3. 仿照案例,设计制作创新作品

实施评价	班级		第____组	组长签字	
	教师签字		日期		
	评语:				

检查单 1

学习场	图形图像处理			
学习情境	制作图片			
学习任务	制作水果盘		学时	20 分钟
工作过程	分析制作对象—确定图像参数—确定素材文件—制作图片—保存图片文件			
序号	检查项目	检查标准	学生自查	教师检查
1	资讯环节	获取相关信息的情况		
2	计划环节	设计水果盘情况		
3	实施环节	制作水果盘的效果		
4	检查环节	各个环节逐一检查		
检查评价	班级		第____组	组长签字	
	教师签字		日期		
	评语：				

评价单 1

学习场	图形图像处理			
学习情境	制作图片			
学习任务	制作水果盘		学时	20 分钟
工作过程	分析制作对象—确定图像参数—确定素材文件—制作图片—保存图片文件			
评价项目	评价子项目	学生自评	组内评价	教师评价
资讯环节	1. 听取教师讲解 2. 互联网查询情况 3. 同学交流情况			
计划环节	1. 查询资料情况 2. 设计水果盘情况			
实施环节	1. 学习态度 2. 使用软件的熟练程度 3. 作品美观程度 4. 创新作品情况			
最终结果	综合情况			
评价	班级		第____组	组长签字	
	教师签字		日期		
	评语：				

教学引导文设计单 1

学习场	图形图像处理	学习情境	制作图片			
		学习任务	制作水果盘			
典型工作过程 \ 普适性工作过程		资讯	计划	决策	实施	检查	评价
分析制作对象	教师讲解	同学分组讨论	计划的可行性	使用素材文件	获取相关信息情况	评价学习态度
确定图像参数	互联网查询	查看图片文件最终效果	计划的经济性	设置图像参数	检查图片参数	评价图形参数
确定素材文件	素材包	查询资料	计划的可操作性	选择素材文件	检查素材使用情况	评价素材使用情况
制作图片	根据素材包动手制作水果盘	设计水果盘	计划的实施难度	编辑盘子、水果图片	检查图片效果	软件熟练程度
保存图片文件	了解图形文件的格式	了解图形文件的格式	综合评价	保存图片	检查图形文件的格式	评价作品美观程度

教学反馈单（学生反馈）1

学习场	图形图像处理			
学习情境	制作图片			
学习任务	制作水果盘		学时	4 学时（180 分钟）
工作过程	分析制作对象—确定图像参数—确定素材文件—制作图片—保存图片文件			
调查项目	序号	调查内容	理由描述	
	1	资讯环节		
	2	计划环节		
	3	实施环节		
	4	检查环节		
您对本次课程教学的改进意见：				
调查信息	被调查人姓名		调查日期	

分组单 1

学习场	图形图像处理			
学习情境	制作图片			
学习任务	制作水果盘	学时	4 学时（180 分钟）	
工作过程	分析制作对象—确定图像参数—确定素材文件—制作图片—保存图片文件			
分组情况	组别	组长	组员	
	1			
	2			
	3			
	……			
分组说明				
班级		教师签字	日期	

教师实施计划单 1

学习场	图形图像处理				
学习情境	制作图片				
学习任务	制作水果盘		学时	4 学时（180 分钟）	
工作过程	分析制作对象—确定图像参数—确定素材文件—制作图片—保存图片文件				
序号	工作与学习步骤	学时	使用工具	地点	方式	备注
1	资讯情况	20 分钟	互联网			
2	计划情况	10 分钟	计算机			
3	决策情况	10 分钟	计算机			
4	实施情况	100 分钟	Photoshop			
5	检查情况	20 分钟	计算机			
6	评价情况	20 分钟				
班级		教师签字		日期		

成绩报告单 1

	___班级 ___姓名 图形图像处理 学习场（课程）成绩报告单		
学习场	图形图像处理		
学习情境	制作图片		
学习任务	制作水果盘	学时	4 学时（180 分钟）
评分项	自评	互评	教师评
资讯			
计划			
决策			
实施			
检查			

1.2 理论指导

1.2.1 图像处理的重要概念

1. 位图与矢量图

位图，也称为点阵图，它是由许许多多的点组成的，这些点被称为像素，每个像素只显示一种颜色，构成图像的最小单位。位图在色彩上可以表现丰富的多彩变化并产生逼真的效果，很容易在不同软件之间交换使用。但当放大图像时，像素点也放大了，因为每个像素点表示的颜色是单一的，所以，在位图放大后就会出现人们平时所见到的马赛克状，同时，位图占用的存储空间较大，如图 1-1 所示。

 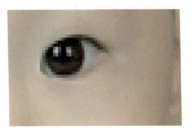

图 1-1　放大位图效果对比

矢量图是通过数学的向量方式来进行计算，根据几何特性来绘制图形，是用线段和曲线描述图像的。图像的色彩变化较少，颜色过渡不自然，并且绘制出的图像也不是很逼真，常用来表示标识、图标、Logo等简单直接的图像。矢量图与分辨率无关，可以将其缩放到任意大小和以任意分辨率在输出设备上打印出来，都不会影响清晰度，矢量图占用的存储空间很小，如图1-2所示。

图1-2 放大矢量图效果对比

2．像素与图像分辨率

像素即px，是画面中最小的点（单位色块）。像素是组成位图图像最基本的元素，每个像素只能显示一种颜色，共同组成整幅图像。

图像分辨率是指每英寸图像内的像素点数。图像分辨率是有单位的，叫作像素每英寸。分辨率越高，像素的点密度越高，图像就越逼真。例如，一张图片分辨率为800×600，也就是说这张图片在屏幕上按1∶1放大时，水平方向有800个像素点（色块），垂直方向有600个像素点（色块）。

3．图像颜色模式

（1）位图模式。位图模式使用黑、白两种颜色值中的一种来表示图像中的像素，即黑白图像，因含有的色彩信息量少，其文件也最小。

（2）灰度模式。灰度模式能表示从0（黑色）到255（白色）之间的256种明度的灰色。它可以将颜色模式的图像转化为高品质的有亮度效果的黑白图像，一旦模式转化为灰度模式，原来的颜色信息都将被删除，再度转化回颜色模式时，原来丢失的颜色信息将不能再返回。

（3）索引颜色模式。索引颜色模式是采取颜色存放表的方式存放颜色，现最多提供256种颜色值。它根据图像的像素建立一个索引颜色表，如果存放表中没有该种颜色，就用跟其相近的颜色来代替；由于色盘有限，因此，索引色必须裁减档案大小，从而使创建的图像出现失真的情况，该模式的图像文件比RGB模式要小很多，所以，灰度模式常被应用在多媒体或网络上。

（4）RGB模式。RGB模式是Photoshop中最常用的颜色模式。新建的Photoshop图像的默认模式为RGB模式，RGB模式中的R（红）、G（绿）、B（蓝）是按它们的分量指定强度值。强度大小都介于0和255之间，自然界中的任何色彩都可以用这三种颜色进行混合叠加而成。黑色的R、G、B分量值均为0；白色的R、G、B分量值均为255，其他强度值时，为各种颜色。

（5）CMYK模式。CMYK模式是一种减色模式，包括C（纯青色）、M（洋红）、Y（黄色）和K（黑色）四个色彩分量。CMYK模式以在纸上打印时油墨吸收的光线为基础特性。在实际印刷中，当白光照射到油墨上时，某些可见光波长被吸收，而其他波长被反射回眼睛。理论上，纯青色、洋红和黄色色素在合成后可以吸收所有光线并产生黑色。在实际应用中，青色、洋红色和黄色很难叠加形成真正的黑色，最多不过是褐色而已。

（6）Lab 颜色模式。Lab 颜色是视力正常的人能够看到的所有颜色，其中包括 L（亮度）、a（从绿色到红色）、b（从蓝色到黄色）三个分量。该颜色最大优点是与设备无关，无论使用何种设备（如计算机、打印机、扫描仪）创建或输出图像，这种模式都能会生成一样的颜色，可在不同系统之间移动图像，同时它还有色域宽阔的优点，我们在数字图像处理时，要掌握好这种模式。

1.2.2　Photoshop的工作界面

1. Photoshop的启动与退出

Photoshop 有三种启动方法：

（1）方法一：单击"开始"菜单，找到如图 1-3 所示的 Photoshop 图标。

（2）方法二：从开始菜单里将 Photoshop 锁定到任务栏（图 1-4），然后单击任务栏 Ps 图标即可启动软件。

（3）方法三：从"开始"菜单将 Photoshop 发送到"桌面快捷方式"，然后双击桌面的快捷方式也可以启动软件。

图 1-3　在"开始"菜单打开 Photoshop 软件

图 1-4　将软件锁定到任务栏

Photoshop 的退出方法如下：

（1）直接单击窗口菜单右侧的"关闭"按钮；

（2）执行"文件"→"退出"命令；

（3）按快捷键 Alt+F4 或 Ctrl+Q。

2．Photoshop的工作界面

Photoshop 的工作界面如图 1-5 所示。

图 1-5　Photoshop 工作界面

注意：启动程序后不会显示图像窗口，需要打开或创建一个图像文件。

（1）菜单栏：位于标题栏下面，由文件、编辑、图像、图层、文字、选择、滤镜等菜单项组成，如图 1-6 所示。

图 1-6　菜单栏

（2）工具属性栏：位于菜单栏下面，主要用于显示工具栏中当前选择工具的参数和选项设置。随着所选工具的不同，显示的内容也不同。

（3）工具箱：要选择某个工具，只需单击相应的工具按钮即可。大多数工具按钮的右下角带有黑色小三角，表示还隐藏有其他同类工具，按住鼠标左键不放或单击鼠标右键，即可显示隐藏的工具，如图 1-7 所示。

（4）调板：位于界面的右侧，浮动于图像的上方且不会被图像覆盖，使用调板可以方便地观察编辑信息。

（5）图像窗口和状态栏：图像窗口用于显示和编辑图形文件，在同时打开多个图像时，可以单击图像标签在图像间切换。状态栏显示了当前图像的显示比例和文档大小等信息，如图 1-8 所示。

3. 自定义工作界面

根据实际需要，用户可以对工作界面进行各种调整，如只保留菜单栏、工具箱、图层调板、历史记录。

执行"窗口"→"工作区"→"新建工作区"命令，单击"存储"按钮，即可保存工作界面，如图1-9所示。

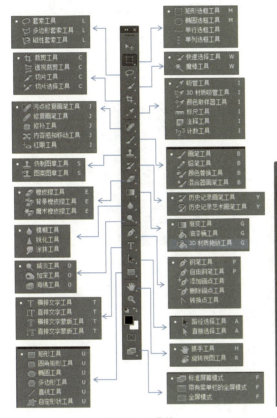

图1-7 工具箱　　　　　　　　　　　图1-8 图像窗口和状态栏

图1-9 新建工作区

4. 认识图层

图层面板可以说是Photoshop图片处理的核心，因此，这个面板会始终出现在我们眼前。图层就像是一张张透明的薄膜，覆盖在原始图像上。为了说明图层的原理，我们来打个比方，我们打印出一张照片，在上面盖上一张透明的塑料纸，这张透明的塑料纸就是 Photoshop 中的一个透明图层，我们可以在这张透明的塑料纸上进行涂画或写上文字，这就像是在 Photoshop 的透明图层上用画笔涂抹或是在文字图层上制作文字，如果我们对结果满意，就可以将透明纸和照片一起装裱起来，如果不满意，我们就可以扔掉这层透明的塑料纸，换一张重新画，我们还可以覆盖更多的透明纸或有内容的纸，这就是 Photoshop 图层的概念。图层面板不仅包括图层，同时也提供了许多其他功能。我们可以使用"混合模式"修改图层的层叠方式，改变图层的"不透明度"，创建图层蒙版、图层样式或调整图层等，如图 1-10 所示。

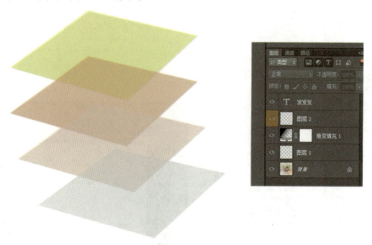

图 1-10　图层

复制图像时（复制选区图像除外），系统将自动创建（复制）一个普通图层，并将复制的图像放置在该图层上。

1.2.3　Photoshop 的应用领域

1．平面设计

图书封面、招贴、海报、喷绘等具有丰富图像的平面印刷品，基本上都需要 Photoshop 软件对图像进行处理甚至是印刷，即使有些设计者用其他软件设计广告，用到无背景图片时也需使用 Photoshop 进行抠图，再导入其他软件。

2．图像处理

Photoshop 具有强大的图像修饰、图像合成编辑及调色功能。利用这些功能，可以快速修复照片，也可以修复人脸上的斑点等缺陷或进行快速调色等。

3．创意合成

通过 Photoshop 的处理可以将原本风马牛不相及的对象组合在一起，对于创意的创造性使用，Photoshop 能达到很好的效果，甚至也可以使用"狸猫换太子"的手段使图像发生面目全非的巨大视觉变化。

4．艺术文字

利用 Photoshop 可以使文字发生各种各样的变化，包括样式及颜色的改变，并利用这些处理后的艺术化文字为图像增加效果，所以，在一些文档中自带的艺术效果不理想时也可使用 Photoshop 进行自我艺术字的创作。

5．网页制作与美工设计

Photoshop 被称为现今"网页制作三剑客"之一，网络的普及是促使更多人需要掌握 Photoshop 的一个重要原因。因为在制作网页时，Photoshop 是必不可少的网页图像处理软件。

1.3 项目创新

结合本项目案例，自行查找素材，完成创新作品制作，如花束、花篮的设计制作。

项目 2 制作彩色枫叶

2.1 项目表单

项目 2 制作彩色枫叶

学习性工作任务单 2

学习场	图形图像处理		
学习情境	制作图片		
学习任务	制作彩色枫叶	学时	4 学时（180 分钟）
工作过程	分析制作对象—确定图像参数—确定素材文件—制作图片—保存图片文件		
学习目标	1. 了解图像处理矢量图形的方法 2. 掌握钢笔工具的使用 3. 熟悉路径的制作 4. 了解矢量图和位图的特点和区别 5. 了解角度渐变		
任务描述	利用给定的素材制作一张带有描边效果的彩色枫叶图片		
学时安排	资讯 20 分钟　计划 10 分钟　决策 10 分钟　实施 100 分钟　检查 20 分钟　评价 20 分钟		
学生要求	1. 调试好软件 2. 课前做好预习 3. 动手制作彩色枫叶 4. 创新作品		
参考资料	1. 素材包 2. 微视频 3. PPT		

资讯单 2

学习场	图形图像处理		
学习情境	制作图片		
学习任务	制作彩色枫叶	学时	20 分钟
工作过程	分析制作对象—确定图像参数—确定素材文件—制作图片—保存图片文件		
搜集资讯	1. 教师讲解 2. 互联网查询 3. 同学交流		
资讯描述	查看教师提供的资料,获取信息,便于绘制		
学生要求	1. 准备好学习用品及任务书 2. 课前做好预习 3. 动手制作彩色枫叶 4. 创新作品		
参考资料	1. 素材包 2. 微视频 3. PPT		

计划单 2

学习场	图形图像处理		
学习情境	制作图片		
学习任务	制作彩色枫叶	学时	10 分钟
工作过程	分析制作对象—确定图像参数—确定素材文件—制作图片—保存图片文件		
计划制订	同学分组讨论		

序号	工作步骤	注意事项
1	查看图像文件	
2	查询资料	
3	设计枫叶	

计划评价	班级		第____组	组长签字
	教师签字		日期	
	评语:			

决策单 2

学习场	图形图像处理		
学习情境	制作图片		
学习任务	制作彩色枫叶	学时	10 分钟
工作过程	分析制作对象—确定图像参数—确定素材文件—制作图片—保存图片文件		

计划对比

序号	计划的可行性	计划的经济性	计划的可操作性	计划的实施难度	综合评价
1					
2					
3					
……					

决策评价	班级		第____组	组长签字	
	教师签字		日期		
	评语：				

实施单 2

学习场	图形图像处理		
学习情境	制作图片		
学习任务	制作彩色枫叶	学时	100 分钟
工作过程	分析制作对象—确定图像参数—确定素材文件—制作图片—保存图片文件		

序号	实施步骤	注意事项
1	打开素材文件	使用快捷键 Ctrl+O
2	在新建图层上用"钢笔工具"沿素材描绘出枫叶外边框	在每个直线拐点处单击设置锚点，直至形成闭合路径图形
3	以刚刚创建的枫叶路径创建选区	按住 Ctrl 键同时单击创建的路径，或在路径上单击鼠标右键，在弹出的右键菜单中选择"建立选区"
4	选择"渐变工具"，执行"彩虹色渐变"	在"渐变工具"预设中选择"彩虹色渐变"，渐变类型选择"角度渐变"，在枫叶与茎秆连接处按住鼠标左键向叶尖方向拖动后松手
5	执行描边	将前景色设为黑色，将画笔笔尖大小设置为 1 像素，在枫叶路径上单击鼠标右键，在弹出的右键菜单中选择"填充路径"
6	保存图片	保存为 JPG 格式

实施说明：
1. 使用钢笔工具绘图之前，可以先在"路径"面板中创建一个新路径，以便将工作路径自动存储为已命名的路径。
2. 路径工具是 Photoshop 里编辑矢量图形的工具，其主要用于进行光滑图像选择区域及辅助抠图，绘制光滑线条，定义画笔等工具的绘制轨迹，输出、输入路径和选择区域之间的转换。在辅助抠图上，路径工具突出显示了强大的可编辑性，具有特有的光滑曲率属性

实施评价	班级		第____组	组长签字	
	教师签字		日期		
	评语：				

检查单 2

学习场	图形图像处理			
学习情境	制作图片			
学习任务	制作彩色枫叶		学时	20分钟
工作过程	分析制作对象—确定图像参数—确定素材文件—制作图片—保存图片文件			
序号	检查项目	检查标准	学生自查	教师检查
1	资讯环节	获取相关信息的情况		
2	计划环节	设计渐变的角度效果		
3	实施环节	制作彩色枫叶的效果		
4	检查环节	各个环节逐一检查		
检查评价	班级		第____组	组长签字
	教师签字		日期	
	评语:			

评价单 2

学习场	图形图像处理			
学习情境	制作图片			
学习任务	制作彩色枫叶		学时	20分钟
工作过程	分析制作对象—确定图像参数—确定素材文件—制作图片—保存图片文件			
评价项目	评价子项目	学生自评	组内评价	教师评价
资讯环节	1. 听取教师讲解 2. 互联网查询情况 3. 同学交流情况			
计划环节	1. 查询资料情况 2. 设计渐变的角度效果			
实施环节	1. 学习态度 2. 使用软件的熟练程度 3. 作品美观程度 4. 创新作品情况			
最终结果	综合情况			
评价	班级		第____组	组长签字
	教师签字		日期	
	评语:			

教学引导文设计单 2

学习场	图形图像处理	学习情境	制作图片			
		学习任务	制作彩色枫叶			
普适性工作过程 / 典型工作过程	资讯	计划	决策	实施	检查	评价
分析制作对象	教师讲解	同学分组讨论	计划的可行性	使用素材文件	获取相关信息情况	评价学习态度
确定图像参数	互联网查询	查看图片文件最终效果	计划的经济性	设置图像参数	检查图片参数	评价图形参数
确定素材文件	素材包	查询资料	计划的可操作性	选择素材文件	检查素材使用情况	评价素材使用情况
制作图片	根据素材包动手制作彩色枫叶	设计抠图方案	计划的实施难度	素材文件在新建图片中的处理	检查图片效果	软件熟练程度
保存图片文件	了解图形文件的格式	了解图形文件的格式	综合评价	保存图片	检查图形文件的格式	评价作品美观程度

教学反馈单（学生反馈）2

学习场	图形图像处理			
学习情境	制作图片			
学习任务	制作彩色枫叶		学时	4 学时（180 分钟）
工作过程	分析制作对象—确定图像参数—确定素材文件—制作图片—保存图片文件			
调查项目	序号	调查内容		理由描述
	1	资讯环节		
	2	计划环节		
	3	实施环节		
	4	检查环节		
您对本次课程教学的改进意见：				
调查信息	被调查人姓名		调查日期	

分组单 2

学习场	图形图像处理			
学习情境	制作图片			
学习任务	制作彩色枫叶		学时	4学时（180分钟）
工作过程	分析制作对象—确定图像参数—确定素材文件—制作图片—保存图片文件			
分组情况	组别	组长	组员	
	1			
	2			
	3			
	……			
分组说明				
班级		教师签字		日期

教师实施计划单 2

学习场	图形图像处理				
学习情境	制作图片				
学习任务	制作彩色枫叶		学时	4学时（180分钟）	
工作过程	分析制作对象—确定图像参数—确定素材文件—制作图片—保存图片文件				
序号	工作与学习步骤	学时	使用工具	地点	方式	备注
1	资讯情况	20分钟	互联网			
2	计划情况	10分钟	计算机			
3	决策情况	10分钟	计算机			
4	实施情况	100分钟	Photoshop			
5	检查情况	20分钟	计算机			
6	评价情况	20分钟				
班级		教师签字		日期		

成绩报告单 2			
_____班级_____姓名_____图形图像处理_学习场（课程）成绩报告单			
学习场	图形图像处理		
学习情境	制作图片		
学习任务	制作彩色枫叶	学时	4 学时（180 分钟）
评分项	自评	互评	教师评
资讯			
计划			
决策			
实施			
检查			

2.2 理论指导

2.2.1 钢笔工具介绍

1. 钢笔工具

Photoshop 提供多种钢笔工具以满足学习中的使用案例和创意样式，如图 2-1 所示。

（1）通过"弯度钢笔工具"可以直观地绘制曲线和直线段。

（2）"标准钢笔工具"可用于精确绘制直线段和曲线。

（3）"自由钢笔工具"可用于绘制路径，就像用铅笔在纸上绘图一样。

（4）"磁性钢笔"选项可用于绘制与图像中定义的区域边缘对齐的路径。

图 2-1 钢笔工具

使用 Shift+P 组合键可循环切换钢笔组中的工具。

注意：使用钢笔工具绘图之前，可以先在"路径"面板中创建一个新路径，以便将工作路径自动存储为已命名的路径。

"钢笔工具"可以绘制直线、曲线、封闭的或不封闭的路径线。还可以利用快捷键的配合（如 Alt、Ctrl 键）将"钢笔工具"切换到"转换点工具"，选择工具，即自动添加或删除工具。这样可以在绘制路径的同时编辑和修改路径，如图 2-2 所示。

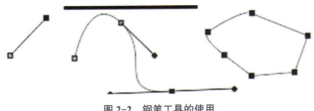

图 2-2　钢笔工具的使用

（1）直线路径只需要选择"钢笔工具"通过连续单击就可以绘制出来。如果要绘制直线或 45°斜线，按住 Shit 键的同时单击即可。

（2）曲线路径的绘制就是在起点按住鼠标之后向上或向下拖动出一条方向线后松手，然后在第二个锚点拖动出一条向上或向下的方向线。

（3）当要绘制封闭曲线时，将"钢笔工具"移动到起始点，当看见"钢笔工具"旁边出现小圆圈时单击，路径就封闭了。

（4）选中"钢笔工具"选项栏中的"自动添加删除"复选框 ☑自动添加/删除 ，可直接在"钢笔工具"路径上单击，自动添加或删除锚点，这个选项默认为勾选状态。

当"钢笔工具"在路径上所指的位置没有锚点，则"钢笔工具"自动变成 ，单击路径可添加新锚点；当"钢笔工具"在路径上所指的位置有锚点，则"钢笔工具"自动变成 ，单击此锚点可删除此锚点。

（5）要改变路径的形状时，按住 Alt 键的同时将"钢笔工具"放置在锚点，"钢笔工具"变成"转换点工具" ，可以改变锚点类型。

当锚点连接的是直线时，按住 Alt 键的同时将"钢笔工具"放置在锚点上拖动，直线变成曲线。当锚点连接的是曲线时，按住 Alt 键的同时将"钢笔工具"放置在锚点上单击，曲线变直线。原始路径线与操作后的路径线比较如图 2-3 所示。

图 2-3　改变路径

2. 使用"弯度钢笔工具"

"弯度钢笔工具"可让使用者以轻松的方式绘制平滑曲线和直线段。使用这个直观的工具，使用者可以在设计中创建自定义形状，或定义精确的路径，以便毫不费力地优化图像。在执行该操作时，使用者无须切换工具就能创建、切换、编辑、添加或删除平滑点或角点，如图 2-4 所示。

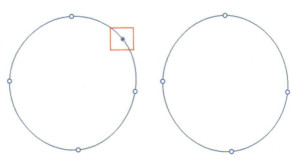

图 2-4　弯度钢笔工具

注意：路径的第一段最初显示为画布上的一条直线。依据接下来绘制的是曲线段还是直线段，Photoshop 稍后会对其进行相应的调整。如果绘制的下一段是曲线段，Photoshop 将使第一段曲线与下一段平滑地关联。

弯曲的路径：使用鼠标或者在触摸设备上拖动指针绘制路径的下一段；在按住鼠标左键的同时，优化此段的曲线；前一段将自动进行调整以使曲线保持平滑；完成绘制后，按 Esc 键。

"弯度钢笔工具"使用技巧如下：

（1）在放置锚点时，如果希望路径的下一段变弯曲，单击一次；如果接下来要绘制直线段，双击即可；Photoshop 会相应地创建平滑点或角点。

（2）若要将平滑锚点转换为角点，或反之，双击该点即可。

（3）若要移动锚点，只需拖动该锚点即可。

（4）若要删除锚点，请单击该锚点，然后按 Delete 键；在删除锚点后，曲线将被保留下来并根据剩余的锚点进行适当的调整。

（5）拖动锚点以调整曲线。在以此方式调整路径段时，会自动地修改相邻的路径段。

（6）若要引入其他锚点，只需单击路径段的中部即可。

3．使用"标准钢笔工具"

（1）绘制直线段。使用"标准钢笔工具"可绘制的最简单路径是直线，方法是通过单击"钢笔工具"创建两个锚点；继续单击可创建由角点连接的直线段组成的路径。

①选择"钢笔工具"。

②将"钢笔工具"定位到所需的直线段起点并单击，以定义第一个锚点（不要拖动）。

注意：单击第二个锚点之前，绘制的第一个段将不可见（在 Photoshop 中选择"橡皮带"选项以预览路径段）。另外，如果显示方向线，则表示意外拖动了"钢笔工具"；可执行"编辑"→"还原"命令并再次单击。

③单击希望段结束的位置。

④继续单击以便为其他直线段设置锚点。

⑤添加的锚点总是显示为实心方形，表示已选中状态。当添加更多的锚点时，以前定义的锚点会变成空心并被取消选择。

⑥通过执行下列操作之一完成路径：

若要闭合路径，则将"钢笔"工具定位在第一个（空心）锚点上。如果放置的位置正确，"钢笔"工具指针旁将出现一个小圆圈，单击或拖动可闭合路径。

若要不闭合路径，按住 Ctrl 键（Windows）或 Command 键（Mac：OS）并单击所有对象以外的任意位置；若要不闭合路径，也可以选择其他工具。

（2）绘制有直线的曲线。

①使用"钢笔工具"拖动创建曲线段的第一个平滑点，然后松开鼠标左键。

②在需要曲线段结束的位置重新定位"钢笔"工具，拖动以完成曲线，然后松开鼠标左键。

③从工具箱中选择"转换点工具"，然后单击选定的端点可将其从平滑点转换为拐角点。

注意：按下 Alt 键（Windows）或 Option 键（Mac：OS）可暂时将"钢笔工具"更改为"转换点工具"。

④从工具箱中选择"钢笔工具",并将其放置在直线段将结束的位置,然后单击以完成此直线段。

4. 使用"自由钢笔工具"

"自由钢笔工具"可用于随意绘图,就像用铅笔在纸上绘图一样。在绘图时,将自动添加锚点,无须确定锚点的位置,完成路径后可进一步对其进行调整。若要绘制更精确的图形,可使用钢笔工具。

(1)选择"自由钢笔工具"。要控制最终路径对鼠标或光笔移动的灵敏度,单击选项栏中"形状"按钮旁边的反向箭头,然后为"曲线拟合"输入介于 0.5 到 10.0 像素之间的值;此值越高,创建的路径锚点越少,路径就越简单。

(2)在图像中拖动指针。在拖动时,会有一条路径尾随指针;松开鼠标,工作路径即创建完毕。

(3)若要继续创建现有手绘路径,将钢笔指针定位在路径的一个端点,然后拖动即可。

(4)若要完成路径,松开鼠标即可;若要创建闭合路径,将直线拖动至路径的初始点即可(当它对齐时会在指针旁出现一个圆圈)。

5. 用"磁性钢笔"选项绘图

"磁性钢笔"是"自由钢笔工具"的选项,它可以绘制与图像中定义区域的边缘对齐的路径,可以定义对齐方式的范围和灵敏度,以及所绘路径的复杂程度。"磁性钢笔"和"磁性套索工具"共用很多相同的选项。

若要将"自由钢笔工具"转换成"磁性钢笔工具",在选项栏中选择"磁性",或单击选项栏中"形状"按钮旁边的反向箭头,选择"磁性"并进行下列设置:

对于"宽度",请输入介于 1 和 255 之间的像素值。"磁性钢笔"只检测从指针开始指定距离以内的边缘。

为"对比"输入介于 1 到 100 之间的百分比值,指定将该区域看作边缘所需的像素对比度。此值越高,图像的对比度越低。

为"频率"输入介于 0 到 100 之间的值,指定钢笔设置锚点的密度。此值越高,路径锚点的密度越大。

如果使用的是光笔绘图板,请选择或取消选择"钢笔压力"。当选择该选项时,钢笔压力的增加将导致宽度减小。

若要动态修改磁性钢笔的属性,请执行下列操作之一:

(1)按住 Alt 键(Windows)或 Option 键(Mac:OS)并拖动,可绘制手绘路径。

(2)按住 Alt 键(Windows)或 Option 键(Mac:OS)并单击,可绘制直线段。

(3)按左方括号键([)可将磁性钢笔的宽度减小 1 个像素;按右方括号键(])可将钢笔宽度增加 1 个像素。

用以下方法完成路径:

①按 Enter 键(Windows)或 Return 键(Mac:OS),结束开放路径。

②双击,闭合包含磁性段的路径。

③按住 Alt 键(Windows)或 Option 键(Mac:OS)并双击,闭合包含直线段的路径。

试一试：利用钢笔工具，绘制图 2-5 所示标志。

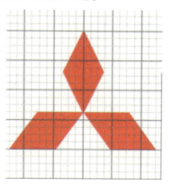

图 2-5　标志

2.2.2　路径

路径工具是 Photoshop 里编辑矢量图形的工具，其主要用于进行光滑图像选择区域及辅助抠图，绘制光滑线条，定义画笔等工具的绘制轨迹，输出、输入路径和选择区域之间转换。在辅助抠图上，其突出显示了强大的可编辑性，具有特有的光滑曲率属性。

路径工具图标区包括填充路径，将当前的路径内部完全填充为前景色；勾勒路径，使用前景色沿路径的外轮廓进行边界勾勒；路径转换为选区，将当前被选中的路径转换成我们处理图像时用以定义处理范围的选择区域；选区转换为路径，将选择区域转换为路径。

1．认识"路径"调板

"路径"调板如图 2-6 所示。

图 2-6　路径调板

（1）按钮 ○：用前景色填充路径。

（2）按钮 ○：用"画笔"工具给路径描边。

（3）按钮 ▦：将路径作为选区载入，操作后路径将会转换为选区使用。

（4）按钮 ▦：将选区转换为工作路径。

（5）按钮 ○：添加蒙版。

（6）按钮 ▣：创建新路径。

（7）按钮 ▦：删除当前路径。

路径是出现在"路径"面板中的临时路径，用于定义形状。可以用以下几种方式使用路径：

（1）作为矢量蒙版来隐藏图层区域。

（2）路径转换为选区。

（3）使用颜色填充或描边路径。将图像导出到页面排版或矢量编辑程序时，将已存储的路径指定为剪贴路径以使图像的一部分变得透明。

2．路径的使用

利用"钢笔工具"绘制一条路径，打开"画笔工具"，设置"前景色"、画笔笔刷大小；打开"路径"面板，单击鼠标右键，选择"描边路径"→"画笔"，可以绘制出各种需要的曲线。

利用"钢笔工具"抠图，形成一个闭合"路径"，打开"路径"面板，单击"将路径转换为选区"按钮，可以用钢笔路径工具抠图。

利用"路径选择工具"，选中路径，可以为封闭路径填充颜色。

3．路径的显示与隐藏

隐藏和显示路径快捷键为 Ctrl+H。

2.2.3　渐变工具

利用 Photoshop 中的渐变工具，可以制作出各种酷炫的效果。单击"渐变工具"按钮之后，工具栏中就会出现渐变颜色列表，单击色条弹出"渐变编辑器"窗口，可以对渐变效果进行参数设置，如图 2-7、图 2-8 所示。

图 2-7　渐变工具　　　　图 2-8　渐变编辑器

渐变的效果可以通过效果图标完成，如图 2-9 所示。

图 2-9　渐变效果

线性渐变效果如图 2-10 所示。

径向渐变：以单击的地方为圆心，以画的方向为半径向外做渐变，如图 2-11 所示。

角度渐变：从画线的地方开始按照转一圈的方向来渐变，如图 2-12 所示。

对称渐变：渐变出的效果是对称的，在左边做出一个渐变效果，那么右边也会出现一个对称的渐变效果，即两个对称的线性渐变并在一起，如图 2-13 所示。

菱形渐变：如图 2-14 所示。

图 2-10　线性渐变效果　　图 2-11　径向渐变　　图 2-12　角度渐变　　图 2-13　对称渐变　　图 2-14　菱形渐变

2.3　项目创新

结合本项目案例，自行查找素材，完成创新作品制作，如完成彩虹、卡片的设计制作。

项目 3　制作彩虹人像

PROJECT 3

3.1　项目表单

项目 3　制作彩虹人像

学习性工作任务单 3					
学习场	图形图像处理				
学习情境	抠图操作				
学习任务	制作彩虹人像海报		学时	4 学时（180 分钟）	
工作过程	分析制作对象—确定图像参数—确定素材文件—制作图片—保存图片文件				
学习目标	1. 了解抠图的概念 2. 掌握"选择并遮住"工具的使用 3. 熟悉"渐变工具"的操作 4. 了解图层和文字工具的使用 5. 了解图形的使用				
任务描述	利用给定的素材制作一幅彩虹人像海报				
学时安排	资讯 20 分钟	计划 10 分钟	决策 10 分钟	实施 100 分钟	检查 20 分钟	评价 20 分钟
学生要求	1. 调试好软件 2. 课前做好预习 3. 动手制作彩虹人像海报 4. 创新作品				
参考资料	1. 素材包 2. 微视频 3. PPT				

资讯单 3

学习场	图形图像处理		
学习情境	抠图操作		
学习任务	制作彩虹人像海报	学时	20 分钟
工作过程	分析制作对象—确定图像参数—确定素材文件—制作图片—保存图片文件		
搜集资讯	1. 教师讲解 2. 互联网查询 3. 同学交流		
资讯描述	查看教师提供的资料，获取信息，便于绘制		
学生要求	1. 准备好学习用品及任务书 2. 课前做好预习 3. 动手制作彩虹人像海报 4. 创新作品		
参考资料	1. 素材包 2. 微视频 3. PPT		

计划单 3

学习场	图形图像处理			
学习情境	抠图操作			
学习任务	制作彩虹人像海报		学时	10 分钟
工作过程	分析制作对象—确定图像参数—确定素材文件—制作图片—保存图片文件			
计划制订	同学分组讨论			
序号	工作步骤		注意事项	
1	查看图像文件			
2	查询资料			
3	设计彩虹人像海报			
计划评价	班级		第____组	组长签字
	教师签字		日期	
	评语：			

决策单 3

学习场	图形图像处理		
学习情境	抠图操作		
学习任务	制作彩虹人像海报	学时	10 分钟
工作过程	分析制作对象—确定图像参数—确定素材文件—制作图片—保存图片文件		

计划对比

序号	计划的可行性	计划的经济性	计划的可操作性	计划的实施难度	综合评价
1					
2					
3					
……					

决策评价	班级		第___组	组长签字	
	教师签字		日期		
	评语：				

实施单 3

学习场	图形图像处理		
学习情境	抠图操作		
学习任务	制作彩虹人像海报	学时	100 分钟
工作过程	分析制作对象—确定图像参数—确定素材文件—制作图片—保存图片文件		

序号	实施步骤	注意事项
1	打开素材文件	头发素材.jpg
2	先用套索工具圈出人物大致外框	距离人物边缘和头发边缘有一定距离
3	执行"选择"→"选择并遮住"命令，在弹出的界面中选择"调整边缘画笔"工具，沿人物边缘和头发边缘涂抹，直至保留头发，删除多余背景色，完成后单击"确定"按钮	涂抹过程中可调节笔尖工具使细节更精准
4	新建 21 cm×30 cm，分辨率为 300 像素，背景为黑色的文件，将原图中选中的人物粘贴到新文件中	注意头发边缘，如有未清除干净的背景色，则重复上一步操作直至清除干净
5	在人物层上创建新图层，并用"渐变工具"填充黄、紫、橙、蓝渐变，以人物为选区为渐变层添加图层蒙版	在渐变编辑器中选择黄、紫、橙、蓝渐变，按住 Ctrl 键的同时单击人物层可选中人物部分
6	创建文字图层输入"Rainbow"，并用"文字变形"工具进行扇形变形	在文字层单击鼠标右键，在弹出的右键菜单中选择"文字变形"
7	在文字层上方创建新图层，利用透明彩虹渐变创建彩虹色的径向渐变，以文字为选区为彩虹层添加图层蒙版	需要调整渐变编辑器中透明彩虹渐变各颜色的显示位置以创建环形彩虹
8	复制文字图层，将其拉到彩虹层的上方，在混合选项中选择描边，利用"移动工具"将新复制的文字层向上移动一小段距离	新的文字层与原图层形成一种类似投影的式样
9	保存图片	图像保存成 JPG 格式或 psd 格式

实施说明：
1. 图层蒙版是建立在当前图层上的一个遮罩，用于遮盖当前图层中不需要的图像。可以理解成在当前图层上面覆盖一层玻璃片，这种玻璃片有透明的、半透明的、完全不透明的。图层蒙版是 Photoshop 中一项十分重要的功能。
2. 若用各种绘图工具在蒙版上（玻璃片上）涂色（只能涂黑白灰色），涂黑色的地方蒙版变为完全透明的，看不见当前图层的图像；涂白色则使涂色部分变为不透明的，可看到当前图层上的图像；涂灰色使蒙版变为半透明，透明的程度由涂色的灰度深浅决定

实施评价	班级		第___组	组长签字	
	教师签字		日期		
	评语：				

检查单 3

学习场	图形图像处理			
学习情境	抠图操作			
学习任务	制作彩虹人像海报		学时	20 分钟
工作过程	分析制作对象—确定图像参数—确定素材文件—制作图片—保存图片文件			
序号	检查项目	检查标准	学生自查	教师检查
1	资讯环节	获取相关信息的情况		
2	计划环节	抠图纯净度的效果		
3	实施环节	制作彩虹人像海报的效果		
4	检查环节	各个环节逐一检查		
检查评价	班级		第____组	组长签字	
	教师签字		日期		
	评语:				

评价单 3

学习场	图形图像处理			
学习情境	抠图操作			
学习任务	制作彩虹人像海报		学时	20 分钟
工作过程	分析制作对象—确定图像参数—确定素材文件—制作图片—保存图片文件			
评价项目	评价子项目	学生自评	组内评价	教师评价
资讯环节	1. 听取教师讲解 2. 互联网查询情况 3. 同学交流情况			
计划环节	1. 查询资料情况 2. 抠图纯净度的效果			
实施环节	1. 学习态度 2. 使用软件的熟练程度 3. 作品美观程度 4. 创新作品情况			
最终结果	综合情况			
评价	班级		第____组	组长签字	
	教师签字		日期		
	评语:				

教学引导文设计单 3

学习场	图形图像处理	学习情境	抠图操作			
		学习任务	制作彩虹人像海报			
普适性工作过程 / 典型工作过程	资讯	计划	决策	实施	检查	评价
分析制作对象	教师讲解	同学分组讨论	计划的可行性	使用素材文件	获取相关信息情况	评价学习态度
确定图像参数	互联网查询	查看图片文件最终效果	计划的经济性	设置图像参数	检查图片参数	评价图形参数
确定素材文件	素材包	查询资料	计划的可操作性	选择素材文件	检查素材使用情况	评价素材使用情况
制作图片	制作彩虹人像海报	设计抠图方案	计划的实施难度	素材文件在新建图片中的处理	检查图片效果	软件熟练程度
保存图片文件	了解图形文件的格式	了解图形文件的格式	综合评价	保存图片	检查图形文件的格式	评价作品美观程度

教学反馈单（学生反馈）3

学习场	图形图像处理		
学习情境	抠图操作		
学习任务	制作彩虹人像海报	学时	4 学时（180 分钟）
工作过程	分析制作对象—确定图像参数—确定素材文件—制作图片—保存图片文件		
调查项目	序号	调查内容	理由描述
	1	资讯环节	
	2	计划环节	
	3	实施环节	
	4	检查环节	
您对本次课程教学的改进意见：			
调查信息	被调查人姓名	调查日期	

分组单 3

学习场	图形图像处理			
学习情境	抠图操作			
学习任务	制作彩虹人像海报	学时	4 学时（180 分钟）	
工作过程	分析制作对象—确定图像参数—确定素材文件—制作图片—保存图片文件			
分组情况	组别	组长	组员	
	1			
	2			
	3			
	……			
分组说明				
班级		教师签字		日期

教师实施计划单 3

学习场	图形图像处理					
学习情境	抠图操作					
学习任务	制作彩虹人像海报		学时	4 学时（180 分钟）		
工作过程	分析制作对象—确定图像参数—确定素材文件—制作图片—保存图片文件					
序号	工作与学习步骤	学时	使用工具	地点	方式	备注
1	资讯情况	20 分钟	互联网			
2	计划情况	10 分钟	计算机			
3	决策情况	10 分钟	计算机			
4	实施情况	100 分钟	Photoshop			
5	检查情况	20 分钟	计算机			
6	评价情况	20 分钟				
班级		教师签字			日期	

成绩报告单 3			
班级_____ 姓名_____ 图形图像处理 学习场（课程）成绩报告单			
学习场	图形图像处理		
学习情境	抠图操作		
学习任务	制作彩虹人像海报	学时	4学时（180分钟）
评分项	自评	互评	教师评
资讯			
计划			
决策			
实施			
检查			

3.2 理论指导

3.2.1 图层蒙版

图层蒙版是建立在当前图层上的一个遮罩，用于遮盖当前图层中不需要的图像。可以理解成在当前图层上面覆盖一层玻璃片，这种玻璃片有透明的、半透明的、完全不透明的。图层蒙版是Photoshop中一项十分重要的功能。

若用各种绘图工具在蒙版上（玻璃片上）涂色（只能涂黑白灰色），涂黑色的地方蒙版变为完全透明的，看不见当前图层的图像；涂白色则使涂色部分变为不透明的，可看到当前图层上的图像；涂灰色使蒙版变为半透明，透明的程度由涂色的灰度深浅决定。

图层蒙版的制作方法如下：

（1）图层面板最下面有一排小按钮 ▮▮▮▮▮▮ ，其中第三个图案就是"添加图层蒙版"按钮，单击就可以为当前图层添加图层蒙版。

注意：工具箱中的前景色和背景色无论之前是什么颜色，当我们为一个图层添加图层蒙版之后，前景色和背景色就只有黑白两色了。

（2）执行"图层"→"图层蒙版"→"显示全部或者隐藏全部"命令，也可以为当前图层添加图层蒙版。"隐藏全部"对应的是为图层添加黑色蒙版，效果为图层完全透明，显示下面图层的内容。"显示全部"就是完全不透明。

注意：在"图层"调板中单击图层缩览图，将返回正常的图像编辑状态；同理，单击蒙版缩览图可重新将其选中，进入蒙版编辑状态，此时，在图像窗口中进行的大部分操作都针对蒙版。按住Alt键单击图层蒙版缩览图，可在图像窗口单独显示蒙版图像，再次执行该操作可以回到正常图像显示状态。

在编辑蒙版过程中，如果不小心涂抹到不需要的区域，可以通过在这些区域涂抹白色来恢复，或者利用"橡皮擦工具"擦除。

3.2.2 选择并遮住工具

从早期Photoshop上的抽丝，演变为调整边缘，到如今的选择并遮住，Photoshop的功能在不断地增加和优化，"选择并遮住工具"就像它的名称一样，具有选择和遮住功能，可以用来做出选区，如图3-1所示。

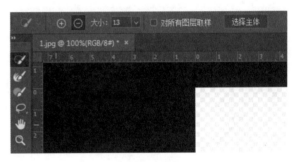

图3-1 选择并遮住工具

选择并遮住常用的工具如下：

（1）快速选择工具。用来选择主体，一般如果图片比较干净，它是很好用的。可以一点一点地使用，也可以按住直接拖动。如果不小心选择错了，可以按住Alt键减去这个选择部分。

（2）调整边缘画笔工具。顾名思义，这个工具就是当选择好主体以后，用其修饰边缘部分。使用右键菜单可以调出"调整画笔大小"等选项。

（3）画笔工具。这个功能就相当于我们在使用蒙版时用的画笔，可以让某一部分不选择。操作方式：例如，已经选好一张图片，想要显现其中一小部分，这时可以用"画笔工具"直接画出来。

（4）套索工具。与Photoshop主面板一样的功能，可以用来框选大概，然后使用"快速选择工具"选择具体。

3.3 项目创新

结合本项目案例，自行查找素材，完成创新作品制作，如完成自己照片、卡通图片的设计制作。

项目 4 制作滑板海报

4.1 项目表单

项目 4 制作滑板海报

学习性工作任务单 4

学习场	图形图像处理		
学习情境	抠图操作		
学习任务	制作滑板海报	学时	4 学时（180 分钟）
工作过程	分析制作对象—确定图像参数—确定素材文件—制作图片—保存图片文件		
学习目标	1. 了解抠图的概念 2. 掌握磁性套索的使用 3. 熟悉图层和文字工具的操作 4. 了解"色彩范围"工具的使用 5. 了解图形的使用		
任务描述	利用给定的素材制作一幅滑板运动海报		
学时安排	资讯 20 分钟　计划 10 分钟　决策 10 分钟　实施 100 分钟　检查 20 分钟　评价 20 分钟		
学生要求	1. 调试好软件 2. 课前做好预习 3. 动手制作滑板运动海报 4. 创新作品		
参考资料	1. 素材包 2. 微视频 3. PPT		

资讯单 4

学习场	图形图像处理		
学习情境	抠图操作		
学习任务	制作滑板海报	学时	20 分钟
工作过程	分析制作对象—确定图像参数—确定素材文件—制作图片—保存图片文件		
搜集资讯	1. 教师讲解 2. 互联网查询 3. 同学交流		
资讯描述	查看教师提供的资料，获取信息，便于绘制		
学生要求	1. 准备好学习用品及任务书 2. 课前做好预习 3. 动手制作滑板运动海报 4. 创新作品		
参考资料	1. 素材包 2. 微视频 3. PPT		

计划单 4

学习场	图形图像处理			
学习情境	抠图操作			
学习任务	制作滑板海报		学时	10 分钟
工作过程	分析制作对象—确定图像参数—确定素材文件—制作图片—保存图片文件			
计划制订	同学分组讨论			
序号	工作步骤		注意事项	
1	查看图像文件			
2	查询资料			
3	设计滑板海报			
计划评价	班级		第____组	组长签字
	教师签字		日期	
	评语：			

决策单 4

学习场	图形图像处理			
学习情境	抠图操作			
学习任务	制作滑板海报		学时	10 分钟
工作过程	分析制作对象—确定图像参数—确定素材文件—制作图片—保存图片文件			

计划对比

序号	计划的可行性	计划的经济性	计划的可操作性	计划的实施难度	综合评价
1					
2					
3					
……					

决策评价	班级		第____组	组长签字	
	教师签字		日期		
	评语：				

实施单 4

学习场	图形图像处理			
学习情境	抠图操作			
学习任务	制作滑板海报		学时	100 分钟
工作过程	分析制作对象—确定图像参数—确定素材文件—制作图片—保存图片文件			

序号	实施步骤	注意事项
1	打开素材文件	素材滑板.jpg、素材墙壁.jpg
2	利用"磁性套索"和"色彩范围"工具将滑板人物抠出来	利用"反选"去除背景，利用"色彩范围"去除镂空色块
3	新建海报文件，将抠出的人物和墙壁粘贴到新建文件中	利用快捷键 Ctrl+T 调整墙壁图像大小以铺满背景
4	创建 3 个图层，将以人物为选区分别填充黑、灰、白，并排列位置	图层的堆叠顺序
5	利用"图形"工具和"自由变换（快捷键 Ctrl+T）"创建黑色条	在自由变换模式中，按住 Ctrl 键拖动 4 个角的控制点能够自由变换位置
6	利用文字工具输入文字，用图层混合制作效果，利用自由变换改变形状	改变形状前需要将文字图层转换为形状图层

实施说明：
　　抠图是图像处理中最常用的操作之一，是将图片或影像的某一部分从原始图片或影像中分离出来成为单独的图层。主要功能是为后期的合成做准备。方法有套索工具、选框工具、橡皮擦工具等直接选择、快速蒙版、钢笔勾画路径后转选区、抽出滤镜、外挂滤镜抽出、通道、计算、应用图像法等。抠图也会根据图片的不同特点，选择不同的抠图方法。只有选择正确的方法，才能制作出精美的图片

实施评价	班级		第____组	组长签字	
	教师签字		日期		
	评语：				

检查单 4				
学习场	图形图像处理			
学习情境	抠图操作			
学习任务	制作滑板海报		学时	20 分钟
工作过程	分析制作对象—确定图像参数—确定素材文件—制作图片—保存图片文件			
序号	检查项目	检查标准	学生自查	教师检查
1	资讯环节	获取相关信息的情况		
2	计划环节	抠图纯净度的效果		
3	实施环节	制作滑板海报的效果		
4	检查环节	各个环节逐一检查		
检查评价	班级		第____组	组长签字
	教师签字		日期	
	评语:			

评价单 4				
学习场	图形图像处理			
学习情境	抠图操作			
学习任务	制作滑板海报		学时	20 分钟
工作过程	分析制作对象—确定图像参数—确定素材文件—制作图片—保存图片文件			
评价项目	评价子项目	学生自评	组内评价	教师评价
资讯环节	1. 听取教师讲解 2. 互联网查询情况 3. 同学交流情况			
计划环节	1. 查询资料情况 2. 抠图纯净度的效果			
实施环节	1. 学习态度 2. 使用软件的熟练程度 3. 作品美观程度 4. 创新作品情况			
最终结果	综合情况			
评价	班级		第____组	组长签字
	教师签字		日期	
	评语:			

教学引导文设计单 4

学习场	图形图像处理	学习情境	抠图操作			
		学习任务	制作滑板海报			
典型工作过程 \ 普适性工作过程	资讯	计划	决策	实施	检查	评价
分析制作对象	教师讲解	同学分组讨论	计划的可行性	使用素材文件	获取相关信息情况	评价学习态度
确定图像参数	互联网查询	查看图片文件最终效果	计划的经济性	设置图像参数	检查图片参数	评价图形参数
确定素材文件	素材包	查询资料	计划的可操作性	选择素材文件	检查素材使用情况	评价素材使用情况
制作图片	根据素材包动手制作滑板海报	设计抠图方案	计划的实施难度	素材文件在新建图片中的处理	检查图片效果	软件熟练程度
保存图片文件	了解图形文件的格式	了解图形文件的格式	综合评价	保存图片	检查图形文件的格式	评价作品美观程度

教学反馈单（学生反馈）4

学习场	图形图像处理			
学习情境	抠图操作			
学习任务	制作滑板海报		学时	4学时（180分钟）
工作过程	分析制作对象—确定图像参数—确定素材文件—制作图片—保存图片文件			
调查项目	序号	调查内容		理由描述
	1	资讯环节		
	2	计划环节		
	3	实施环节		
	4	检查环节		
您对本次课程教学的改进意见：				
调查信息	被调查人姓名		调查日期	

分组单 4

学习场	图形图像处理				
学习情境	抠图操作				
学习任务	制作滑板海报		学时	4 学时（180 分钟）	
工作过程	分析制作对象—确定图像参数—确定素材文件—制作图片—保存图片文件				
分组情况	组别	组长	组员		
	1				
	2				
	3				
	4				
	5				
	6				
	7				
	8				
分组说明					
班级		教师签字		日期	

教师实施计划单 4

学习场	图形图像处理					
学习情境	抠图操作					
学习任务	制作滑板海报		学时	4 学时（180 分钟）		
工作过程	分析制作对象—确定图像参数—确定素材文件—制作图片—保存图片文件					
序号	工作与学习步骤	学时	使用工具	地点	方式	备注
1	资讯情况	20 分钟	互联网			
2	计划情况	10 分钟	计算机			
3	决策情况	10 分钟	计算机			
4	实施情况	100 分钟	Photoshop			
5	检查情况	20 分钟	计算机			
6	评价情况	20 分钟				
班级		教师签字		日期		

成绩报告单 4

_____班级　_____姓名　图形图像处理　学习场（课程）成绩报告单			
学习场	图形图像处理		
学习情境	抠图操作		
学习任务	制作滑板海报	学时	4 学时（180 分钟）
评分项	自评	互评	教师评
资讯			
计划			
决策			
实施			
检查			

4.2　理论指导

4.2.1　抠图

抠图是图像处理中最常用的操作之一，是将图片或影像的某一部分从原始图片或影像中分离出来成为单独的图层，主要功能是为后期的合成做准备。方法有套索工具、选框工具、橡皮擦工具等直接选择、快速蒙版、钢笔勾画路径后转选区、抽出滤镜、外挂滤镜抽出、通道、计算、应用图像法等。抠图也会根据图片的不同特点，选择不同的抠图方法。只有选择正确的方法，才能制作出精美的图片。

1．橡皮擦工具

"橡皮擦工具"能起到"擦除"的作用，可以用来抠图，其键盘快捷键是字母键"E"，直接擦掉不想要的背景或其他画面部分就可以了。调节画笔大小和硬度即可开始擦。然而，其缺点也比较明显，很难做到精细化抠图，对边缘的处理也不是太好，而且擦掉就真的没了，原图被破坏。

2．魔棒工具

"魔棒工具"是通过图像中颜色值的信息来定义和建立选区的选择工具。在图像某一点单击，"魔棒工具"会根据参考点的颜色信息，将与此点颜色值相近的像素作为选区进行建立。

（1）容差：确定"魔棒工具"选取的精度，容差值越大，所容许的颜色值范围就越大，选择的精确度就越小，反之精确度就越大。

（2）连续：勾选该项时，只选择颜色连续的区域；取消勾选时，可以选择与单击点颜色相近的所有区域，包括没有连接的区域，图 4-1 所示为两种情况的对比。

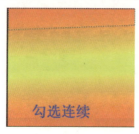 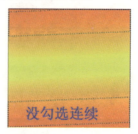

图 4-1　连续效果

（3）对所有图层取样：定义"魔棒工具"作用的范围，选中时"魔棒工具"作用的范围为所有图层，不选中时仅作用于当前图层。

3. 快速选择工具

"快速选择工具"，顾名思义，就是"快速"地选择画面中想要或不想要的部分，通过工具栏用鼠标直接选中该工具，或者用快捷键 W，对准画面框选即可，同时，可以配合中括号"["键或"]"键来缩放画笔大小，更精确地框选。

"快速选择工具"可以通过调整画笔的笔触、硬度和间距等参数而通过单击或拖动快速创建选区。拖动时，选区会向外扩展并自动查找和跟随图像中定义的边线。如果初步框选的范围超过了想要的画面范围的话，可以在按住 Alt 键的同时，框选超出的部分，即可将其从选区减去；按住 Shift 键框选，则是添加到选区。

4. 套索工具、多边形套索工具、磁性套索工具

套索工具组如图 4-2 所示。

（1）"套索工具"。使用时按住鼠标左键在图像中拖动，起点和终点重合时，指针下方会出现一个圆圈，松开鼠标左键，就完成了选区的创建操作，鼠标所画轨迹内就是选区；当起点和终点没重合就松开鼠标时，系统会自动用连线连接两点，也会形成选区。"套索工具"建立选区比较灵活，但精确度不高，此工具主要用于粗略地建立选区。

（2）"多边形套索工具"。它是针对画面中以直线构成的几何多边形使用的"利器"，它在工具栏的套索工具组中，选中后，沿着画面中的多边形边缘"框选"即可，而在按住 Shift 键的同时，则可以拉出 45°或是 90°的规则直线，方便选择正方形或三角形等有规则的多边形。效果如图 4-3 所示。

图 4-2　工具图标　　　　　图 4-3　"多边形套索工具"的效果

(3)"磁性套索工具"。在图像的边缘附近移动鼠标指针时,"磁性套索工具"会自动根据颜色差别勾出选区。"磁性套索工具"适用于要选取的区域和其他区域色彩差别较大的图像选取。

磁性套索工具在创建选区时涉及边缘像素的概念,由"宽度"和"对比度"两个选项的值来控制选取的精度,"磁性套索工具"选项栏如图4-4所示。

图4-4 "磁性套索工具"选项栏

①宽度:设置"磁性套索工具"自动搜索的范围,数值越大,自动搜索的范围就越大。
②对比度:确定在搜索范围内的边缘像素的差别范围,数值越大,选取的精确度就越高。
③频率属性:是"磁性套索工具"在进行选区创建时锚点的密度,数值越大,锚点就越密。
④调整边缘:优化选区的边缘,功能与矩形选取工具类似。

5. 钢笔工具

相较于只能画直线做选区的"多边形套索工具"来说,"钢笔工具"则更有优势,画直线和平滑曲线比较擅长,对准轮廓即可绘制路径。之前详细讲过,此处不再赘述。

6. 色彩范围

色彩范围抠图是指通过指定颜色或灰度来创建选区。其优点是可以准确设定颜色和容差来控制选区的范围。如果画面的背景为纯色时,我们可以使用"色彩范围"进行抠图。

打开一个素材文件,执行"选择"→"色彩范围"命令。在色彩面板下,还有一个工具是吸管。选择"单选吸管",吸取画面中的某一部分。预览图中被吸的白色的范围,就是之后形成选区的地方。剩下的黑色部分,就是不被选择且不会形成选区的地方。注意其中灰色的部分也可以被选中,只不过选中后是半透明的状态。后面还有"加选"和"减选"选项,可以辅助选择的范围更大(出现更多的白色)或更小(出现更多的黑色),如图4-5所示。

图4-5 利用"色彩范围"进行抠图

4.2.2 文字工具

在 Photoshop 中，系统提供了四种文字工具，如图 4-6 所示。

选择"横排文字工具"（T），可以单击上面的文字设置选项（图 4-7）来设置文字的各个属性。输入文字内容以后，Photoshop 会为文字创建一个文字图层。

图 4-6 文字工具

图 4-7 文字设置选项

打开素材，选择"横排文字工具"，在工具属性栏设置文字属性；按 Ctrl+Enter 键确认输入；在"文字图层"上单击鼠标右键，在弹出的快捷菜单中选择"混合选项"，设置"描边"效果，如图 4-8 所示。

图 4-8 图层样式之描边

在"变形文字"工具箱中选择"扇形"，如图 4-9 所示。

移动文字到适当位置，效果如图 4-10 所示。

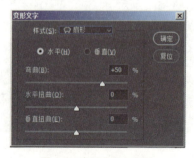

图 4-9 变形文字之扇形

图 4-10 添加"健康快乐"扇形文字

4.2.3 自由变换

自由变换的快捷键是 Ctrl+T，也可以执行菜单栏上的"编辑"→"自由变换"命令进入图像变换功能。当图像边缘出现 8 个控制点时，可以拖动任意一个点对图像进行变换，如图 4-11 所示。
"自由变换工具"是编辑图像用得较多的一种工具。

图 4-11 自由变换工具

4.3 项目创新

结合本项目案例，自行查找素材，完成创新作品制作。例如完成 Logo、赛车等图片的设计制作。

项目 5

人物美化——应用图像调整命令去斑

5.1 项目表单

项目5 应用图像调整命令去斑

学习性工作任务单 5	
学习场	图形图像处理
学习情境	人物美化
学习任务	人物美化——应用图像调整命令去斑 学时 4学时（180分钟）
工作过程	分析制作对象—确定图像参数—确定素材文件—制作图片—保存图片文件
学习目标	1. 了解人物美化的概念 2. 掌握利用图像调整工具和滤镜进行人物去斑的方法 3. 熟悉高反差保留滤镜的操作 4. 了解反相调整工具的使用 5. 了解黑蒙板的使用
任务描述	将人物脸部的斑去掉
学时安排	资讯20分钟　计划10分钟　决策10分钟　实施100分钟　检查20分钟　评价20分钟
学生要求	1. 调试好软件 2. 课前做好预习 3. 动手人物去斑美化
参考资料	1. 素材包 2. 微视频 3. PPT

资讯单 5

学习场	图形图像处理		
学习情境	人物美化		
学习任务	人物美化——应用图像调整命令去斑	学时	20 分钟
工作过程	分析制作对象—确定图像参数—确定素材文件—制作图片—保存图片文件		
搜集资讯	1. 教师讲解 2. 互联网查询 3. 同学交流		
资讯描述	查看教师提供的资料，获取信息，便于绘制		
学生要求	1. 准备好学习用品及任务书 2. 课前做好预习 3. 动手人物去斑美化 4. 创新作品		
参考资料	1. 素材包 2. 微视频 3. PPT		

计划单 5

学习场	图形图像处理		
学习情境	人物美化		
学习任务	人物美化——应用图像调整命令去斑	学时	10 分钟
工作过程	分析制作对象—确定图像参数—确定素材文件—制作图片—保存图片文件		
计划制订	同学分组讨论		

序号	工作步骤	注意事项
1	查看图像文件	
2	查询资料	
3	设计人物去斑方案	

计划评价	班级		第____组	组长签字	
	教师签字		日期		
	评语：				

决策单 5

学习场	图形图像处理		
学习情境	人物美化		
学习任务	人物美化——应用图像调整命令去斑	学时	10 分钟
工作过程	分析制作对象—确定图像参数—确定素材文件—制作图片—保存图片文件		

计划对比

序号	计划的可行性	计划的经济性	计划的可操作性	计划的实施难度	综合评价
1					
2					
3					
……					

决策评价	班级		第____组	组长签字	
	教师签字		日期		
	评语：				

实施单 5

学习场	图形图像处理		
学习情境	人物美化		
学习任务	人物美化——应用图像调整命令去斑	学时	100 分钟
工作过程	分析制作对象—确定图像参数—确定素材文件—制作图片—保存图片文件		

序号	实施步骤	注意事项
1	打开素材文件	素材人物雀斑 2.jpg
2	将背景复制一层并将当前图层切换至复制的图层	在背景层单击鼠标右键，在弹出快捷菜单中选择"复制图层"，再单击"确定"按钮，单击背景复制层
3	执行"图像"→"调整"→"反相"命令	
4	将背景复制层的图层混合模式改为亮光	根据具体图像的不同可适当调整不透明度
5	执行"滤镜"→"其他"→"高反差保留"命令，半径设为 13 像素	根据具体图像的不同可适当调整半径
6	选中背景复制层，按住 Alt 键的同时单击添加图层蒙版并选中蒙版	不按 Alt 键添加白色蒙版，按 Alt 键添加黑色蒙版
7	将前景色设为白色，用画笔涂抹面部雀斑比较严重的区域	根据想要实现效果的不同可适当调整画笔的不透明度
8	对身体部分的雀斑处理同步骤 7	由于身体部分在全图中处于次要地位，画笔不透明度可适当降低

实施说明：
Photoshop 提供了许多色彩和色调调整命令，可以轻松地改变图像的色调及色彩，大多数调整命令都是针对当前图层进行的，如果有选区，则是针对选区内的图像进行的。
利用图像调整命令，可以完成人物祛斑效果。用于调整图像色调和色彩的命令主要位于"图像"→"调整"菜单

实施评价	班级		第____组	组长签字	
	教师签字		日期		
	评语：				

检查单 5

学习场	图形图像处理			
学习情境	人物美化			
学习任务	人物美化——应用图像调整命令去斑	学时	20分钟	
工作过程	分析制作对象—确定图像参数—确定素材文件—制作图片—保存图片文件			
序号	检查项目	检查标准	学生自查	教师检查
1	资讯环节	获取相关信息的情况		
2	计划环节	反相图层、高反差保留与去斑效果的关系		
3	实施环节	人物去斑美化的效果		
4	检查环节	各个环节逐一检查		
检查评价	班级		第____组	组长签字
	教师签字		日期	
	评语:			

评价单 5

学习场	图形图像处理			
学习情境	人物美化			
学习任务	人物美化——应用图像调整命令去斑	学时	20分钟	
工作过程	分析制作对象—确定图像参数—确定素材文件—制作图片—保存图片文件			
评价项目	评价子项目	学生自评	组内评价	教师评价
资讯环节	1. 听取教师讲解 2. 互联网查询情况 3. 同学交流情况			
计划环节	1. 查询资料情况 2. 去除雀斑的流程			
实施环节	1. 学习态度 2. 使用软件的熟练程度 3. 作品美观程度 4. 创新作品情况			
最终结果	综合情况			
评价	班级		第____组	组长签字
	教师签字		日期	
	评语:			

教学引导文设计单 5

学习场	图形图像处理	学习情境	人物美化			
		学习任务	人物美化——应用图像调整命令去斑			
普适性工作过程 / 典型工作过程	资讯	计划	决策	实施	检查	评价
分析制作对象	教师讲解	同学分组讨论	计划的可行性	使用素材文件	获取相关信息情况	评价学习态度
确定图像参数	互联网查询	查看图片文件最终效果	计划的经济性	设置图像参数	检查图片参数	评价图形参数
确定素材文件	素材包	查询资料	计划的可操作性	选择素材文件	检查素材使用情况	评价素材使用情况
制作图片	根据素材包动手人物去斑美化	设计修图方案	计划的实施难度	素材文件在新建图片中的处理	检查图片效果	软件熟练程度
保存图片文件	了解图形文件的格式	了解图形文件的格式	综合评价	保存图片	检查图形文件的格式	评价作品美观程度

教学反馈单（学生反馈）5

学习场	图形图像处理			
学习情境	人物美化			
学习任务	人物去斑美化		学时	4学时（180分钟）
工作过程	分析制作对象—确定图像参数—确定素材文件—制作图片—保存图片文件			
调查项目	序号	调查内容		理由描述
	1	资讯环节		
	2	计划环节		
	3	实施环节		
	4	检查环节		
您对本次课程教学的改进意见：				
调查信息	被调查人姓名		调查日期	

分组单 5

学习场	图形图像处理			
学习情境	人物美化			
学习任务	人物美化——应用图像调整命令去斑		学时	4学时（180分钟）
工作过程	分析制作对象—确定图像参数—确定素材文件—制作图片—保存图片文件			
分组情况	组别	组长	组员	
	1			
	2			
	3			
	……			
分组说明				
班级		教师签字		日期

教师实施计划单 5

学习场	图形图像处理				
学习情境	人物美化				
学习任务	人物美化——应用图像调整命令去斑		学时	4学时（180分钟）	
工作过程	分析制作对象—确定图像参数—确定素材文件—制作图片—保存图片文件				
序号	工作与学习步骤	学时	使用工具	地点	方式	备注
1	资讯情况	20分钟	互联网			
2	计划情况	10分钟	计算机			
3	决策情况	10分钟	计算机			
4	实施情况	100分钟	Photoshop			
5	检查情况	20分钟	计算机			
6	评价情况	20分钟				
班级		教师签字		日期		

成绩报告单 5

	班级 姓名 图形图像处理 学习场（课程）成绩报告单		
学习场	图形图像处理		
学习情境	人物美化		
学习任务	人物美化——应用图像调整命令去斑	学时	4学时（180分钟）
评分项	自评	互评	教师评
资讯			
计划			
决策			
实施			
检查			

5.2 理论指导

5.2.1 图像菜单

Photoshop 中提供了很多色彩和色调调整命令，执行"图像"→"调整"命令，可以看到很多命令，如图 5-1 所示。

（1）"亮度/对比度"命令是调整图像色调最简单的方法，利用它可以一次性调整图像中所有像素（包括高光、暗调和中间调）的亮度和对比度，但可能会丢失图像的细节部分。

（2）利用"色阶"命令可以通过调整图像的暗调、中间调和高光的强度级别来校正图像。

（3）利用"曲线"命令可以调整图像整体色彩范围或不同颜色通道的色调，赋予那些原本应当报废的图片新的生命力。该命令是用来

图 5-1 图像调整菜单

改善图像质量的首选工具，它不但可调整图像整体或单独通道的色调，还可调节图像任意局部区域的色调。

（4）利用"曝光度"命令可以模拟照相机的"曝光"效果，该命令主要用于提高图像局部区域的亮度，弥补由于亮度范围的限制导致图像暗淡不能清晰显示的缺陷。

（5）利用"自然饱和度"命令可以将图像的色彩调整到自然的鲜艳状态。

（6）利用"色相/饱和度"命令可以调整图像整体颜色或单个颜色成分的"色相""饱和度"和"明度"，从而改变图像的颜色或为黑白图片上色等。

（7）利用"黑白"命令可以将彩色图像转换为黑白图像，并可调整黑白图像的色相和饱和度，以及单个颜色成分的亮度等。

（8）"照片滤镜"命令是利用冷色调与暖色调对图像颜色进行调整，模仿照相机滤镜效果，用户可以通过选择不同颜色的滤镜来调整图像的颜色。另外，该命令还允许用户选择预设的颜色对图像进行颜色调整。

（9）"通道混合器"命令是使用当前（源）颜色通道的混合来修改目标（输出）颜色通道，从而达到改变图像颜色的目的。

（10）"颜色查找"命令是通过导入、导出各种格式的颜色查找表，对图像颜色进行修饰与更改。

（11）利用"反相"命令可将图像或选区的色彩翻转，取源色彩颜色的补色，常用于制作胶片效果。

（12）利用"色调分离"命令可重新分布图像中像素的亮度值。执行该命令时，可通过设置色阶值来决定图像变化的剧烈程度，其值越小，图像变化越剧烈，反之越轻微。

（13）"渐变映射"命令会首先将图像转换为灰度，然后用设置的渐变色来映射图像中的各级灰度，从而制作出特殊图像效果。

（14）"可选颜色"命令用于校正色彩不平衡问题和调整颜色。利用它可以有选择地修改任何主要颜色（红、黄、绿、青、蓝等）中的印刷色数量，而不会影响其他主要颜色。

（15）利用"阴影/高光"命令可以调整图像中过暗或过亮的区域，或者调整照片中过度曝光或曝光不足的对比度，在逆光或强光下保持图像的颜色均衡。

（16）利用"去色"命令可以去掉图像整体或选区中的色彩，使其变成灰度图，但不改变图像的色彩模式。

（17）"匹配颜色"命令用于将一幅图像（源图像）的颜色与另一幅图像（目标图像）中的颜色进行匹配。当需要使不同照片中的颜色保持一致，或者使一幅图像中的某些颜色（如皮肤色调）与另一幅图像中的颜色匹配时，此命令非常有用。除匹配两个图像之间的颜色外，"匹配颜色"命令还可以匹配同一图像中不同图层之间的颜色。

（18）利用"替换颜色"命令可以将图像中特定范围内的颜色替换为其他颜色。

（19）利用"色调均化"命令可以重新分布像素的亮度值，将图像中最亮的像素转换为白色，最暗的像素转换为黑色，中间的值分布在整个灰度范围中，使其更均匀地呈现所有范围的亮度级别（0～255）。该命令还可以增加颜色相近的像素之间的对比度。

5.2.2 图像调整命令

1. 色阶

色阶表示的是图像亮度强弱的数值,色阶图是一张图像中不同亮度的分布图。一般以横坐标表示"色阶指数的取值",标准尺度在 0 和 255 之间,0 表示没有亮度即黑色;255 表示最亮即白色;而中间是各种灰色。又以纵坐标表示包含"特定色调(特定的色阶值)的像素数目",其取值越大就表示在这个色阶的像素越多。使用"色阶"命令可以调整图像的阴影、中间调和高光的关系,从而调整图像的色调范围或色彩平衡。

执行"图像"菜单→"调整"→"色阶"命令,或按组合键 Ctrl+L 可以调出"色阶"对话框,如图 5-2 所示。

(1)通道:该选项是根据图像模式而改变的,可以对每个颜色通道设置不同的输入色阶值与输出色阶值。当图像模式为 RGB 时,该选项中的颜色通道为 RGB(红、绿、蓝);当图像模式为 CMYK 时,该选项中的颜色通道为 CMYK(青色、洋红、黄色与黑色)。

(2)输入色阶:该选项可以通过拖动色阶的三角滑块进行调整,也可以直接在"输入色阶"文本框中输入数值,直方图下方黑色、灰色、白色的滑块分别代表暗调(黑

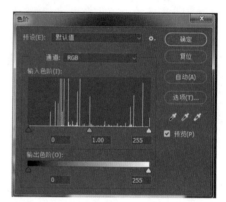

图 5-2 "色阶"对话框

场)、中间调(灰场)和亮调(白场),白色滑块往左拖动,图像的亮调区域增大,图像变亮;将黑色滑块往右拖动,图像的暗调区域增大,图像变暗;灰色滑块代表中间调,向左拖动使中间调变亮,向右拖动使中间调变暗。

(3)输出色阶:该选项中的"输出阴影"用于控制图像最暗数值;"输出高光"用于控制图像最亮数值。

(4)吸管工具:3 个吸管分别用于设置图像黑场、白场和灰场,从而调整图像的明暗关系。

(5)"自动"按钮:单击该按钮,即可将亮的颜色变得更亮,暗的颜色变得更暗,提高图像的对比度。它与执行"自动色阶"命令的效果是相同的。

(6)"选项"按钮:单击该按钮可以更改"自动调节"命令中的默认参数。

色阶的应用:处理曝光不足的照片和处理照片偏色。

2. 曲线

曲线是 Photoshop 最常用的调整工具,它和色阶一样可以调整图像的色调,但是,曲线除可以调整图像的色调外,还可以通过个别通道,调整图像的色彩。

执行"图像"菜单→"调整"→"曲线"命令,或按组合键 Ctrl+M 调出"曲线"对话框,如图 5-3 所示。

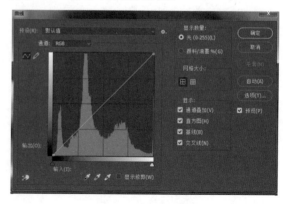

图 5-3 "曲线"对话框

曲线的应用如下：

（1）调整图像的色调。将曲线向上拉，照片亮度提高；曲线向下拉，照片亮度降低；S形曲线可增强对比度，反S形曲线降低对比度。

（2）调整图像的颜色。与"色阶"对话框一样，"曲线"也可以调整图像的整体色调。但是"曲线"的功能更加强大，它还可以通过各个颜色通道对图像颜色进行精确的调整。

3．色相/饱和度

色相/饱和度可以调整整个图像或图像中单个颜色成分的色相、饱和度和明度。

执行"图像"菜单→"调整"→"色相/饱和度"命令，或按组合键Ctrl+U，打开"色相/饱和度"对话框，如图5-4所示。

（1）色相：拉动"色相"的三角形滑块，可以改变图像的颜色。

（2）饱和度：拉动"饱和度"的三角形滑块，可以改变图像的饱和度。当滑块在最右边时，图像的饱和度最高；当滑块在最左边时，图像为黑白照片。

图5-4　"色相/饱和度"对话框

（3）明度：拉动"明度"的三角形滑块，可以改变图像的明度。调整明度，图像会整体变亮或整体变暗，相当于在图片中加入不同分量的黑色或白色。

（4）编辑：在"编辑"下拉菜单中可以选择"全图"或"其他颜色"选项；当选择"全图"时，可以对图像中的所有颜色进行调整，也可以利用对话框右下角的吸管吸取图像中的颜色，对吸取的颜色进行色相/饱和度的调整。当选择某一种颜色时，是对图像中某一种颜色进行调整。

4．色彩平衡

"色彩平衡"命令可以更改图像的总体颜色混合，并且在暗调区、中间调区和高光区，通过控制各个单色的成分来平衡图形的色彩。因此，在使用Photoshop"色彩平衡"命令前首先要了解互补色的概念，这样可以更快地掌握"色彩平衡"命令的使用方法。所谓"互补"，就是Photoshop图像中一种颜色成分的减少，必然导致其互补色成分的增加，绝不可能出现一种颜色和其互补色同时增加的情况；另外，每一种颜色可由其相邻颜色混合得到，如绿色的互补色是洋红色，它是由绿色和红色重叠混合而成，红色的互补色是青色，它是由蓝色和绿色重叠混合而成的。

执行"图像"菜单→"调整"→"色彩平衡"命令，或按组合键Ctrl+B，打开"色彩平衡"对话框，如图5-5所示。

（1）色阶：可将滑块拖向要增加的颜色，或将滑块拖离要减少的颜色。

（2）色调平衡：通过选择阴影、中间调和高光可以控制图像不同色调区域的颜色平衡。

（3）保持明度：勾选此选项，可以防止图像的亮度值随着颜色而改变。

图5-5　"色彩平衡"对话框

5．可选颜色

"可选颜色"命令有 9 种颜色，可以有选择地修改其中任何一种颜色中的印刷色数量，而不会影响其他主要颜色。选中相应的颜色，然后通过调整该颜色内 4 个色相参数，达到调整图像色彩的效果。

执行"图像"菜单→"调整"→"可选颜色"命令，打开"可选颜色"对话框，如图 5-6 所示。

（1）青色：青色是红色的对应色，如果将滑块向右拖动增加青色，红色会越来越黑，这是两个对应色混合，相互吸收的原理；拖动滑块向左减少青色，红色没有变化，因为在红色本色中就不含有青色。

（2）洋红：红色是由洋红和黄色混合产生，选择红色模式，这里的红色已经是 100% 的纯红色，所以向右增加洋红，不会改变红色，而向左减少洋红，会使红色部分越来越偏黄，降到 -100，就变成纯黄色。

图 5-6 "可选颜色"对话框

（3）黄色：红色是由洋红和黄色混合产生，选择红色模式，这里的红色已经是 100% 的纯红色，所以向右增加黄色，而不会改变红色，向左减少黄色，红色中包含的黄色减少，洋红相应会增加，这时红色部分越来越偏洋红，降到 -100，就变成洋红色。

（4）黑色：用于调整红色的明度，左明右暗，将黑色滑块向左拖动，则提高红色的明度。

6．照片滤镜

"照片滤镜"可以用来修正由于扫描、胶片冲洗、白平衡设置不正确造成的一些色彩偏差，用来还原照片的真实色彩，调节照片中轻微的色彩偏差，强调效果，突显主题，渲染气氛。

执行"图像"菜单→"调整"→"照片滤镜"命令，打开"照片滤镜"对话框，如图 5-7 所示。

（1）滤镜：里面自带各种颜色滤镜，分别为加温、冷却滤镜等。加温滤镜为暖色调，以橙色为主；冷却滤镜为冷色调，以蓝色为主。

图 5-7 "照片滤镜"对话框

（2）颜色：如果不使用上面内置的"滤镜"效果，也可以自行设置想要的颜色。

（3）浓度：控制需要增加颜色的浓淡。数值越大，颜色浓度越强。

7．匹配颜色

"匹配颜色"命令可以将两个图像或图像中的两个图层的颜色和亮度相匹配，使其颜色色调和亮度协调一致；其中，被调整修改的图像称为"目标图像"，要采样的图像称为"源图像"。如果希望不同的照片中的颜色看上去一致，或者当一个图像中特定元素的颜色（肤色）必须与另一个图像中某个元素的颜色相匹配时，该命令非常有用。

执行"图像"菜单→"调整"→"匹配颜色"命令，打开"匹配颜色"对话框，如图 5-8 所示。

（1）明亮度：可以增加或减小图像的亮度。

图 5-8 "匹配颜色"对话框

(2)颜色强度:用来调整色彩的饱和度,当颜色强度为 1 时,生成灰度图像。

(3)渐隐:用来控制应用于图像的调整值,数值越高,调整强度越弱,当推到 100 时,则恢复原片。

(4)中和:可以消除图像中出现的色偏,调节两张照片匹配的柔和程度,这个值是计算机智能控制的。

(5)源:表示要与目标图像相匹配的源图像。

5.3 项目创新

结合本项目案例,自行查找素材,完成创新作品制作,如完成自己照片、美化照片的设计制作。

PROJECT 6 项目 6

文字变清晰

6.1 项目表单

项目6 文字变清晰

学习性工作任务单 6	
学习场	图形图像处理
学习情境	图像修复，滤镜操作，图像调整
学习任务	文字变清晰　　　　　　　　　　　学时　　4 学时（180 分钟）
工作过程	分析制作对象—确定图像参数—确定素材文件—制作图片—保存图片文件
学习目标	1. 了解用"透视裁剪"工具扶正图像的方法 2. 掌握"内容识别填充"工具的使用 3. 熟悉匹配高反差保留滤镜的使用 4. 熟悉色阶工具中使用白场、灰场、黑场吸管的作用及方法 5. 了解图层合并的方法
任务描述	将图片中的文稿扶正并提高文字清晰度
学时安排	资讯 20 分钟　计划 10 分钟　决策 10 分钟　实施 100 分钟　检查 20 分钟　评价 20 分钟
学生要求	1. 调试好软件 2. 课前做好预习 3. 制作文字变清晰 4. 创新作品
参考资料	1. 素材包 2. 微视频 3. PPT

资讯单 6

学习场	图形图像处理		
学习情境	图像修复，滤镜操作，图像调整		
学习任务	文字变清晰	学时	20 分钟
工作过程	分析制作对象—确定图像参数—确定素材文件—制作图片—保存图片文件		
搜集资讯	1. 教师讲解 2. 互联网查询 3. 同学交流		
资讯描述	查看教师提供的资料，获取信息，便于绘制		
学生要求	1. 准备好学习用品及任务书 2. 课前做好预习 3. 使文字变清晰		
参考资料	1. 素材包 2. 微视频 3. PPT		

计划单 6

学习场	图形图像处理		
学习情境	图像修复，滤镜操作，图像调整		
学习任务	文字变清晰	学时	10 分钟
工作过程	分析制作对象—确定图像参数—确定素材文件—制作图片—保存图片文件		
计划制订	同学分组讨论		
序号	工作步骤	注意事项	
1	查看图像文件		
2	查询资料		
3	设计将图片中的文稿扶正并提高文字清晰度		
计划评价	班级： 第____组 组长签字： 教师签字： 日期： 评语：		

决策单 6

学习场	图形图像处理			
学习情境	图像修复，滤镜操作，图像调整			
学习任务	文字变清晰		学时	10 分钟
工作过程	分析制作对象—确定图像参数—确定素材文件—制作图片—保存图片文件			

计划对比

序号	计划的可行性	计划的经济性	计划的可操作性	计划的实施难度	综合评价
1					
2					
3					
……					

决策评价	班级		第___组	组长签字	
	教师签字		日期		
	评语：				

实施单 6

学习场	图形图像处理		
学习情境	图像修复，滤镜操作，图像调整		
学习任务	文字变清晰	学时	100 分钟
工作过程	分析制作对象—确定图像参数—确定素材文件—制作图片—保存图片文件		

序号	实施步骤	注意事项
1	打开素材文件	"素材模糊文字.jpg"
2	使用"透视裁剪工具"，沿纸张 4 个角画出纸张外框，然后按 Enter 键	边和纸张边缘尽量平行以保证图像不会歪斜
3	使用"魔棒工具"，选中 4 个角的缺失部分	按住 Shift 键的同时分别单击画面 4 角背景色区域
4	执行"选择"→"修改"→"扩展"命令，扩展量设为 2 像素后确定，对选区扩展后进行内容识别填充以补全内容	执行"编辑"→"内容识别填充"命令，在弹出窗口中单击"确定"按钮，此时生成"背景复制"图层，并可见 4 个角的缺失区域已经补全
5	执行"图层"→"合并可见图层"命令，将图层合并为背景层	
6	执行"图像"→"调整"→"去色"命令	
7	在"色阶"对话框中利用白场和黑场吸管调整文字对比度	执行"图像"→"调整"→"色阶"命令，在弹出窗口中分别选择白场吸管在画面中单击纸张，选择黑场吸管在画面中单击文字最黑处
8	复制当前背景层，得到"背景复制"图层	选中"背景复制"图层将混合模式设置为"线性光"
9	执行"滤镜"→"其他"→"高反差保留"命令，在弹出窗口中调整滑块至画面文字变清晰并单击"确定"按钮	本案例中数值约为 3.0

实施说明：
透视裁剪：单击并按住裁剪工具的图标，直至出现弹出一个菜单，显示该位置中还有其他工具可用；然后从列表中选择"透视裁剪"工具，快捷键是 Shift+C

实施评价	班级		第___组	组长签字	
	教师签字		日期		
	评语：				

检查单 6

学习场	图形图像处理			
学习情境	图像修复，滤镜操作，图像调整			
学习任务	文字变清晰		学时	20 分钟
工作过程	分析制作对象—确定图像参数—确定素材文件—制作图片—保存图片文件			
序号	检查项目	检查标准	学生自查	教师检查
1	资讯环节	获取相关信息的情况		
2	计划环节	文字清晰度的提升程度		
3	实施环节	文字变清晰的效果		
4	检查环节	各个环节逐一检查		
检查评价	班级		第____组	组长签字
	教师签字		日期	
	评语：			

评价单 6

学习场	图形图像处理			
学习情境	图像修复，滤镜操作，图像调整			
学习任务	文字变清晰		学时	20 分钟
工作过程	分析制作对象—确定图像参数—确定素材文件—制作图片—保存图片文件			
评价项目	评价子项目	学生自评	组内评价	教师评价
资讯环节	1. 听取教师讲解 2. 互联网查询情况 3. 同学交流情况			
计划环节	1. 查询资料情况 2. 完成文字变清晰的过程			
实施环节	1. 学习态度 2. 使用软件的熟练程度 3. 作品美观程度 4. 创新作品情况			
最终结果	综合情况			
评价	班级		第____组	组长签字
	教师签字		日期	
	评语：			

教学引导文设计单 6

学习场	图形图像处理	学习情境	图像修复，滤镜操作，图像调整			
		学习任务	文字变清晰			
普适性工作过程 / 典型工作过程	资讯	计划	决策	实施	检查	评价
分析制作对象	教师讲解	同学分组讨论	计划的可行性	使用素材文件	获取相关信息情况	评价学习态度
确定图像参数	互联网查询	查看图片文件最终效果	计划的经济性	设置图像参数	检查图片参数	评价图形参数
确定素材文件	素材包	查询资料	计划的可操作性	选择素材文件	检查素材使用情况	评价素材使用情况
制作图片	根据素材包动手完成文字变清晰	设计修图方案	计划的实施难度	选区	检查图片效果	软件熟练程度
保存图片文件	了解图形文件的格式	了解图形文件的格式	综合评价	保存图片	检查图形文件的格式	评价作品美观程度

教学反馈单（学生反馈）6

学习场	图形图像处理		
学习情境	图像修复，滤镜操作，图像调整		
学习任务	文字变清晰	学时	4 学时（180 分钟）
工作过程	分析制作对象—确定图像参数—确定素材文件—制作图片—保存图片文件		
调查项目	序号	调查内容	理由描述
	1	资讯环节	
	2	计划环节	
	3	实施环节	
	4	检查环节	

您对本次课程教学的改进意见：

调查信息	被调查人姓名		调查日期	

分组单 6

学习场	图形图像处理		
学习情境	图像修复，滤镜操作，图像调整		
学习任务	文字变清晰	学时	4学时（180分钟）
工作过程	分析制作对象—确定图像参数—确定素材文件—制作图片—保存图片文件		

分组情况	组别	组长	组员
	1		
	2		
	3		
	……		

分组说明	

班级		教师签字		日期	

教师实施计划单 6

学习场	图形图像处理		
学习情境	图像修复，滤镜操作，图像调整		
学习任务	文字变清晰	学时	4学时（180分钟）
工作过程	分析制作对象—确定图像参数—确定素材文件—制作图片—保存图片文件		

序号	工作与学习步骤	学时	使用工具	地点	方式	备注
1	资讯情况	20分钟	互联网			
2	计划情况	10分钟	计算机			
3	决策情况	10分钟	计算机			
4	实施情况	100分钟	Photoshop			
5	检查情况	20分钟	计算机			
6	评价情况	20分钟				

班级		教师签字		日期	

成绩报告单 6				
班级　　　　姓名　　图形图像处理　学习场（课程）成绩报告单				
学习场	图形图像处理			
学习情境	通道操作、选区操作、图像调整			
学习任务	文字变清晰		学时	4学时（180分钟）
评分项	自评		互评	教师评
资讯				
计划				
决策				
实施				
检查				

6.2　理论指导

6.2.1　透视裁剪

有的时候，由于角度问题，我们拍出来的照片有一定的透视感，像开会时的PPT照片、上传的证件照片等，拍出来的照片不能保证其正面正对于我们，故存在一定的透视感。想要显示出平面的效果，就可以用"透视裁剪"工具。

透视裁剪操作如下：

单击并按住裁剪工具的图标，直至弹出一个菜单，显示该位置中还有其他工具可用；然后从列表中选择"透视裁剪"工具，快捷键是Shift+C。

6.2.2　色阶吸管的使用

白色吸管吸取最亮的颜色，黑色吸管吸取最深的颜色，灰色吸管吸取图片中的中间色（此操作可以反复点选不同的色彩区域达到不同的效果，根据需要进行选择）。在一般情况下，可以直接使用"自动色阶"命令进行色阶设置，如果需要调节，也可以不用吸管，而是拉动色阶直方图下方的小三角来进行色阶调整，保证图片的高光、阴影、中间调都有色阶信息就可以了。

6.2.3 内容识别填充

作为 Photoshop 中非常实用的修图手段，内容识别填充一直非常受欢迎，它能有效地帮助我们为素材图片进行去水印、删文字等细节修改。其操作为执行"编辑"→"内容识别填充"命令。

6.3 项目创新

结合本项目案例，自行查找素材，完成创新作品制作。

项目 7 制作丁达尔光线

PROJECT 7

项目 7 制作丁达尔光线

7.1 项目表单

学习性工作任务单 7					
学习场	图形图像处理				
学习情境	选区操作、滤镜使用				
学习任务	制作丁达尔光线		学时	4 学时（180 分钟）	
工作过程	分析制作对象—确定图像参数—确定素材文件—制作图片—保存图片文件				
学习目标	1. 了解丁达尔光线的概念 2. 掌握选择高光区域的方法 3. 熟悉径向模糊滤镜的操作 4. 了解滤镜对图层和选区的影响范围				
任务描述	利用给定的素材制作一个丁达尔光线				
学时安排	资讯 20 分钟	计划 10 分钟	决策 10 分钟	实施 100 分钟	检查 20 分钟	评价 20 分钟
学生要求	1. 调试好软件 2. 课前做好预习 3. 动手制作丁达尔光线 4. 创新作品				
参考资料	1. 素材包 2. 微视频 3. PPT				

资讯单 7	
学习场	图形图像处理
学习情境	选区操作、滤镜使用
学习任务	制作丁达尔光线　　学时　　20 分钟
工作过程	分析制作对象—确定图像参数—确定素材文件—制作图片—保存图片文件
搜集资讯	1. 教师讲解 2. 互联网查询 3. 同学交流
资讯描述	查看教师提供的资料，获取信息，便于绘制
学生要求	1. 准备好学习用品及任务书 2. 课前做好预习 3. 动手制作丁达尔光线 4. 创新作品
参考资料	1. 素材包 2. 微视频 3. PPT

计划单 7			
学习场	图形图像处理		
学习情境	选区操作、滤镜使用		
学习任务	制作丁达尔光线　　学时　　10 分钟		
工作过程	分析制作对象—确定图像参数—确定素材文件—制作图片—保存图片文件		
计划制订	同学分组讨论		
序号	工作步骤	注意事项	
1	查看图像文件		
2	查询资料		
3	设计丁达尔光线		
计划评价	班级	第＿＿＿组	组长签字
	教师签字	日期	
	评语：		

决策单 7

学习场	图形图像处理			
学习情境	选区操作、滤镜使用			
学习任务	制作丁达尔光线		学时	10 分钟
工作过程	分析制作对象—确定图像参数—确定素材文件—制作图片—保存图片文件			

计划对比				
序号	计划的可行性	计划的经济性	计划的可操作性	计划的实施难度	综合评价
1					
2					
3					
4					
5					
6					
7					
8					
9					
10					
11					

决策评价	班级		第____组	组长签字	
	教师签字		日期		
	评语：				

实施单 7

学习场	图形图像处理		
学习情境	选区操作、滤镜使用		
学习任务	制作丁达尔光线	学时	100 分钟
工作过程	分析制作对象—确定图像参数—确定素材文件—制作图片—保存图片文件		

序号	实施步骤	注意事项
1	打开素材文件	素材树林.jpg
2	将背景复制一层并将当前图层切换至复制的图层	在背景层单击鼠标右键弹出右键快捷菜单，选择"复制图层"，单击"确定"按钮，单击背景复制层
3	单击通道面板，按住 Ctrl 键的同时单击 RGB 通道，选中图层中高亮区域	或可用快捷键 Ctrl+Alt+2
4	单击"新建图层"按钮新建一个空图层，使新建的图层 1 处于最顶层	
5	选择"吸管工具"（快捷键 I），单击"背景复制"图层上最亮的部分，取得该部分的颜色	取色后此时前景色应该为白色或接近白色
6	在图层 1 上以之前第 3 步确定的选区进行填充操作，填充颜色为前景色	执行"编辑"→"填充"命令
7	取消选区（快捷键 Ctrl+D），对图层 1 执行"滤镜"→"模糊"→"径向模糊"命令，设置完参数后单击"确定"按钮	数量选择"100%"，模糊方法为"缩放"，品质为"最好"，中心点选择"太阳中心"（参考图为相对位置，实际操作中可能要多试几次以找准中心点）
8	将完成后的图像保存	保存成 JPG 格式

实施说明：

在 Photoshop 中，在不同的图像模式下，通道是不一样的。例如，RGB 模式的图像有 4 个通道，通道层中的像素颜色是由一组原色的亮度值组成的，通道实际上可以理解为是选择区域的映射。通道中只有一种颜色的不同亮度，是一种灰度图像。

通道主要用于存储图像的颜色和选区信息，在实际应用中，利用通道可以快捷地选择图像中的部分图像，还可以对原色通道单独执行滤镜功能，从而制作特殊图像效果

实施评价	班级		第____组	组长签字	
	教师签字		日期		
	评语：				

检查单 7

学习场	图形图像处理		
学习情境	选区操作、滤镜使用		
学习任务	制作丁达尔光线	学时	20 分钟
工作过程	分析制作对象—确定图像参数—确定素材文件—制作图片—保存图片文件		

序号	检查项目	检查标准	学生自查	教师检查
1	资讯环节	获取相关信息的情况		
2	计划环节	高亮选区与制作丁达尔光线效果的关系		
3	实施环节	制作丁达尔光线的效果		
4	检查环节	各个环节逐一检查		

检查评价	班级		第____组	组长签字	
	教师签字		日期		
	评语:				

评价单 7

学习场	图形图像处理		
学习情境	选区操作、滤镜使用		
学习任务	制作丁达尔光线	学时	20 分钟
工作过程	分析制作对象—确定图像参数—确定素材文件—制作图片—保存图片文件		

评价项目	评价子项目	学生自评	组内评价	教师评价
资讯环节	1. 听取教师讲解 2. 互联网查询情况 3. 同学交流情况			
计划环节	1. 查询资料情况 2. 抠图纯净度的效果			
实施环节	1. 学习态度 2. 使用软件的熟练程度 3. 作品美观程度 4. 创新作品情况			
最终结果	综合情况			

评价	班级		第____组	组长签字	
	教师签字		日期		
	评语:				

教学引导文设计单 7

学习场	图形图像处理	学习情境	选区操作、滤镜使用			
		学习任务	制作丁达尔光线			
普适性工作过程 / 典型工作过程	资讯	计划	决策	实施	检查	评价
分析制作对象	教师讲解	同学分组讨论	计划的可行性	使用素材文件	获取相关信息情况	评价学习态度
确定图像参数	互联网查询	查看图片文件最终效果	计划的经济性	设置图像参数	检查图片参数	评价图形参数
确定素材文件	素材包	查询资料	计划的可操作性	选择素材文件	检查素材使用情况	评价素材使用情况
制作图片	根据素材包动手制作丁达尔光线	设计抠图方案	计划的实施难度	素材文件在新建图片中的处理	检查图片效果	软件熟练程度
保存图片文件	了解图形文件的格式	了解图形文件的格式	综合评价	保存图片	检查图形文件的格式	评价作品美观程度

教学反馈单（学生反馈）7

学习场	图形图像处理			
学习情境	选区操作、滤镜使用			
学习任务	制作丁达尔光线		学时	4学时（180分钟）
工作过程	分析制作对象—确定图像参数—确定素材文件—制作图片—保存图片文件			
调查项目	序号	调查内容	理由描述	
	1	资讯环节		
	2	计划环节		
	3	实施环节		
	4	检查环节		
您对本次课程教学的改进意见：				
调查信息	被调查人姓名		调查日期	

分组单 7

学习场	图形图像处理				
学习情境	选区操作、滤镜使用				
学习任务	制作丁达尔光线		学时	4学时（180分钟）	
工作过程	分析制作对象—确定图像参数—确定素材文件—制作图片—保存图片文件				
分组情况	组别	组长	组员		
	1				
	2				
	3				
	……				
分组说明					
班级		教师签字		日期	

教师实施计划单 7

学习场	图形图像处理				
学习情境	选区操作、滤镜使用				
学习任务	制作丁达尔光线		学时	4学时（180分钟）	
工作过程	分析制作对象—确定图像参数—确定素材文件—制作图片—保存图片文件				
序号	工作与学习步骤	学时	使用工具	地点	方式	备注
1	资讯情况	20分钟	互联网			
2	计划情况	10分钟	计算机			
3	决策情况	10分钟	计算机			
4	实施情况	100分钟	Photoshop			
5	检查情况	20分钟	计算机			
6	评价情况	20分钟				
班级		教师签字		日期	

成绩报告单 7

	班级　　　　姓名　　　图形图像处理　学习场（课程）成绩报告单		
学习场	图形图像处理		
学习情境	选区操作、滤镜使用		
学习任务	制作丁达尔光线	学时	4 学时（180 分钟）
评分项	自评	互评	教师评
资讯			
计划			
决策			
实施			
检查			

7.2　理论指导

7.2.1　RGB通道

在 Photoshop 不同的图像模式下，通道是不一样的。例如，RGB 模式的图像有 4 个通道，通道层中的像素颜色是由一组原色的亮度值组成的，通道实际上可以理解为是选择区域的映射。通道中只有一种颜色的不同亮度，是一种灰度图像，如图 7-1 所示。

通道主要用于存储图像的颜色和选区信息，在实际应用中，利用通道可以快捷地选择图像中的部分图像，还可以对原色通道单独执行滤镜功能，从而制作特殊图像效果。

图 7-1　通道

（1）"将通道作为选区载入"：可将通道中的部分内容（默认为白色区域部分）转换为选区，相当于执行"选择"→"载入选区"命令。

（2）"将选区存储为通道"：可将当前图像中的选区存储为蒙版，并保存到一个新增的 Alpha 通道中，相当于执行"编辑"→"存储选区"命令。

（3）"创建新通道"：可以创建新通道，最多可以创建 24 个通道。

（4）"删除当前通道"：可删除所选通道。

7.2.2 吸管工具

吸管工具主要应用于色彩的吸附，用此工具在图片任意一个地方单击，就会吸附这个点的颜色，此颜色作为前景色，以便后期的操作。在吸管工具上单击1 s以上，就会打开它的下拉菜单，下拉菜单中有六个工具，每个工具都有其固定的作用，界面如图7-2所示。

图7-2 吸管工具

7.2.3 滤镜

滤镜主要用来实现图像的各种特殊效果。Photoshop提供的滤镜按类放置在"滤镜"菜单中，如图7-3所示。

图7-3 滤镜工具

1．使用滤镜的注意事项

（1）使用滤镜处理图片时，需要选择其所在的图层，并使图层可见（缩览图前面有眼睛图标）。滤镜只能处理一个图层，不能同时处理多个图层。

（2）滤镜的处理效果是以像素为单位进行计算的，因此，相同的参数处理不同分辨率的图像，效果会不同。

（3）如果创建选区，滤镜只处理选中的图片；未创建选区，则处理当前图层中的全部图片。

（4）只有"云彩"滤镜可以应用在没有像素的区域，其他滤镜都必须应用在包含像素的区域，否则不能使用。

2．使用滤镜的技巧

滤镜的处理效果是以像素为单位的，因此，用相同的参数处理不同分辨率的图像，其效果也会不同。

（1）使用一个滤镜后，"滤镜"菜单的第一行便会出现该滤镜的名称，单击它或按快捷键Alt+Ctrl+F，可再次应用这一滤镜。

（2）在"滤镜"菜单中，显示为灰色的滤镜不能使用。这通常是图片模式造成的。RGB模式的图片可以使用全部滤镜，少量滤镜不能用于CMYK图片，索引和位图模式的图片则不能使用任何滤镜。如果颜色模式限制了滤镜的应用，可以执行"图像"→"模式"→"RGB颜色"命令，将图片转换为RGB模式，再用滤镜处理。

（3）"光照效果""木刻""染色玻璃"等滤镜在使用时会占用大量的内存，特别是编辑高分辨率的图片时，Photoshop的处理速度会变慢。如果遇到这种情况，可以先在一小部分图片上试验滤镜，找到合适的设置后，再将滤镜应用于整个图片；或通过特殊方法为Photoshop提供更多的可用内存。

（4）应用滤镜的过程中如果要终止处理，可以按Esc键。

（5）只对局部图像进行滤镜效果处理时，可以对选区设定羽化值，使处理的区域能自然地与源图像融合，减少突兀感。

（6）可以对单一原色通道或Alpha通道执行"滤镜"命令，然后合成图像，或将Alpha通道中的滤镜效果应用到主画面中。

（7）使用"编辑"菜单中的"还原"和"重做"菜单项，可对比执行"滤镜"命令前后的效果。

（8）当执行完一个滤镜操作后，按组合键 Ctrl+F，可快速重复上次执行的滤镜操作；按组合键 Alt+Ctrl+F，可以打开上次执行滤镜操作的对话框。通过应用多个同样的滤镜，可以增强滤镜对图像的作用，使滤镜效果更加显著。

（9）可以对一幅图像应用多个不同的滤镜来达到想要的效果。此时，应用滤镜的顺序决定了当前操作图像的最终效果，顺序不同，效果也不同。

（10）在任一滤镜对话框中，按住 Alt 键，对话框中的"取消"按钮都会变成"复位"按钮，单击它可将滤镜参数设置恢复到刚打开对话框时的状态。

3. 特殊滤镜

Photoshop 提供了一些特殊滤镜，用于特殊图像的制作，其中包括"液化""镜头校正"和"消失点"3 种滤镜，使用这些滤镜可以对图像进行变形操作、处理图像中的小瑕疵、对倾斜图像进行校正等。

（1）"液化"滤镜。使用"液化"滤镜可以对图像任意区域进行推拉、旋转、折叠、膨胀等操作，通过这些操作可以制作出特殊的图像效果。

在"液化"滤镜对话框中单击"向前变形工具"按钮，在图像中单击拖曳，即可将图像向鼠标指针拖曳的方向进行变形；使用"褶皱工具" 单击或拖曳可以使图像朝着画笔区域的中心移动，制作出缩小变形的效果；使用"膨胀工具" 单击或拖曳可以使图像朝着离开画笔区域中心的方向移动，制作出膨胀的效果；使用"左推工具" 平行向右拖曳时，可以使图像向上移动。

（2）"镜头校正"滤镜。"镜头校正"滤镜多用于校正与相机相关的因拍摄造成的照片外形或颜色的扭曲。"镜头校正"滤镜可修复常见的镜头瑕疵，如桶形和枕形失真、晕影、色差等。

（3）"自适应广角"滤镜。"自适应广角"滤镜可以自动读取照片的可交换图像文件（EXIF）数据，并进行校正，也可以根据使用的镜头类型（如广角、鱼眼等）来选择不同的校正选项，配合"约束工具"和"多边形约束工具"的使用，达到校正透视变形的目的。

（4）"消失点"滤镜。在 Photoshop 中，可以使用"消失点"滤镜来处理图像中的一些小瑕疵，同时，也可以在编辑包含透视平面的图像时保留正确的透视效果。

4. "模糊"滤镜组

使用"模糊"滤镜组中的"滤镜菜单"命令可以对图像或选区进行柔和处理，产生平滑的过渡效果，其中包括"高斯模糊""动感模糊""径向模糊"等 11 种滤镜。

5. "渲染"滤镜组

"渲染"滤镜组用于为图像制作出云彩图案或模拟的光反射等效果，其中包括"云彩""分层云彩""光照效果""镜头光晕"和"纤维"5 种滤镜。

7.3 项目创新

结合本项目案例，自行查找素材，完成创新作品制作。

项目 8 制作雪花

PROJECT 8

8.1 项目表单

项目 8 制作雪花

学习性工作任务单 8				
学习场	图形图像处理			
学习情境	滤镜操作			
学习任务	制作雪花		学时	4 学时（180 分钟）
工作过程	分析制作对象—确定图像参数—确定素材文件—制作图片—保存图片文件			
学习目标	1. 掌握多种模糊滤镜的使用效果区别 2. 熟悉添加杂色滤镜的使用场景 3. 了解图层混合操作 4. 了解图层变形操作			
任务描述	为图片中雪天场景添加雪花			
学时安排	资讯 20 分钟	计划 10 分钟	决策 10 分钟	实施 100 分钟	检查 20 分钟	评价 20 分钟
学生要求	1. 调试好软件 2. 课前做好预习 3. 制作雪花 4. 创新作品			
参考资料	1. 素材包 2. 微视频 3. PPT			

资讯单 8

学习场	图形图像处理		
学习情境	滤镜操作		
学习任务	制作雪花	学时	20 分钟
工作过程	分析制作对象—确定图像参数—确定素材文件—制作图片—保存图片文件		
搜集资讯	1. 教师讲解 2. 互联网查询 3. 同学交流		
资讯描述	查看教师提供的资料，获取信息，便于绘制		
学生要求	1. 准备好学习用品及任务书 2. 课前做好预习 3. 制作雪花 4. 创新作品		
参考资料	1. 素材包 2. 微视频 3. PPT		

计划单 8

学习场	图形图像处理		
学习情境	滤镜操作		
学习任务	制作雪花	学时	10 分钟
工作过程	分析制作对象—确定图像参数—确定素材文件—制作图片—保存图片文件		
计划制订	同学分组讨论		

序号	工作步骤	注意事项
1	查看图像文件	
2	查询资料	
3	设计雪花飘落的样子	

班级		第____组	组长签字	
教师签字		日期		

计划评价	评语：

决策单 8

学习场	图形图像处理		
学习情境	滤镜操作		
学习任务	制作雪花	学时	10 分钟
工作过程	分析制作对象—确定图像参数—确定素材文件—制作图片—保存图片文件		

计划对比

序号	计划的可行性	计划的经济性	计划的可操作性	计划的实施难度	综合评价
1					
2					
3					
……					

决策评价	班级		第___组	组长签字	
	教师签字		日期		
	评语:				

实施单 8

学习场	图形图像处理		
学习情境	滤镜操作		
学习任务	制作雪花	学时	100 分钟
工作过程	分析制作对象—确定图像参数—确定素材文件—制作图片—保存图片文件		

序号	实施步骤	注意事项
1	打开素材文件	"雪地人物.jpg"
2	新建空图层 1 填充成黑色	执行"编辑"→"填充"命令
3	执行"滤镜"→"杂色"→"添加杂色"命令	数量 150 左右
4	执行"滤镜"→"模糊"→"高斯模糊"命令	半径 2 像素即可
5	执行"滤镜"→"模糊"→"进一步模糊"命令	
6	调出"色阶"窗口,将两端滑块向中间拖动,可见到雪花效果初步形成	执行"图像"→"调整"→"色阶"命令
7	执行"滤镜"→"模糊"→"动感模糊"命令	角度设为 80°左右,距离设为 5 像素左右
8	将图层 1 的混合模式改为"滤色"	
9	复制图层 1,得到图层 1 复制图层	单击鼠标右键,执行"复制图层"命令
10	放大图层 1,得到类似雪花近景效果	选中图层 1 进行复制,执行"编辑"→"自由变换"命令(快捷键 Ctrl+T)并拖曳角控制点

实施说明:

实施评价	班级		第___组	组长签字	
	教师签字		日期		
	评语:				

检查单 8

学习场	图形图像处理			
学习情境	滤镜操作			
学习任务	制作雪花		学时	20 分钟
工作过程	分析制作对象—确定图像参数—确定素材文件—制作图片—保存图片文件			
序号	检查项目	检查标准	学生自查	教师检查
1	资讯环节	获取相关信息的情况		
2	计划环节	由杂色得到雪花的过程		
3	实施环节	雪花的效果		
4	检查环节	各个环节逐一检查		
检查评价	班级		第____组	组长签字
	教师签字		日期	
	评语:			

评价单 8

学习场	图形图像处理			
学习情境	滤镜操作			
学习任务	制作雪花		学时	20 分钟
工作过程	分析制作对象—确定图像参数—确定素材文件—制作图片—保存图片文件			
评价项目	评价子项目	学生自评	组内评价	教师评价
资讯环节	1. 听取教师讲解 2. 互联网查询情况 3. 同学交流情况			
计划环节	1. 查询资料情况 2. 完成制作雪花的过程			
实施环节	1. 学习态度 2. 使用软件的熟练程度 3. 作品美观程度 4. 创新作品情况			
最终结果	综合情况			
评价	班级		第____组	组长签字
	教师签字		日期	
	评语:			

教学引导文设计单 8

学习场	图形图像处理	学习情境	滤镜操作			
		学习任务	制作雪花			
普适性工作过程 / 典型工作过程	资讯	计划	决策	实施	检查	评价
分析制作对象	教师讲解	同学分组讨论	计划的可行性	使用素材文件	获取相关信息情况	评价学习态度
确定图像参数	互联网查询	查看图片文件最终效果	计划的经济性	设置图像参数	检查图片参数	评价图形参数
确定素材文件	素材包	查询资料	计划的可操作性	选择素材文件	检查素材使用情况	评价素材使用情况
制作图片	根据素材包动手完成雪花	设计修图方案	计划的实施难度	添加杂色并生成雪花	检查图片效果	软件熟练程度
保存图片文件	了解图形文件的格式	了解图形文件的格式	综合评价	保存图片	检查图形文件的格式	评价作品美观程度

教学反馈单（学生反馈）8

学习场	图形图像处理			
学习情境	滤镜操作			
学习任务	制作雪花		学时	4学时（180分钟）
工作过程	分析制作对象—确定图像参数—确定素材文件—制作图片—保存图片文件			
调查项目	序号	调查内容		理由描述
	1	资讯环节		
	2	计划环节		
	3	实施环节		
	4	检查环节		
您对本次课程教学的改进意见：				
调查信息	被调查人姓名		调查日期	

分组单 8

学习场	图形图像处理			
学习情境	滤镜操作			
学习任务	制作雪花		学时	4学时（180分钟）
工作过程	分析制作对象—确定图像参数—确定素材文件—制作图片—保存图片文件			
分组情况	组别	组长	组员	
	1			
	2			
	3			
	……			
分组说明				
班级		教师签字	日期	

教师实施计划单 8

学习场	图形图像处理				
学习情境	滤镜操作				
学习任务	制作雪花		学时	4学时（180分钟）	
工作过程	分析制作对象—确定图像参数—确定素材文件—制作图片—保存图片文件				
序号	工作与学习步骤	学时	使用工具	地点	方式	备注
1	资讯情况	20分钟	互联网			
2	计划情况	10分钟	计算机			
3	决策情况	10分钟	计算机			
4	实施情况	100分钟	Photoshop			
5	检查情况	20分钟	计算机			
6	评价情况	20分钟				
班级		教师签字		日期		

成绩报告单 8				
_____班级　　_____姓名　　图形图像处理　学习场（课程）成绩报告单				
学习场	图形图像处理			
学习情境	滤镜操作			
学习任务	制作雪花		学时	4学时（180分钟）
评分项	自评		互评	教师评
资讯				
计划				
决策				
实施				
检查				

8.2　项目创新

结合本项目案例，自行查找素材，完成创新作品制作。例如，完成风雪中的树木、风雪中的雪人等图片的设计制作。

项目 9　人物美化——应用滤镜去斑

9.1　项目表单

项目 9　应用滤镜去斑

学习性工作任务单 9					
学习场	图形图像处理				
学习情境	人物美化				
学习任务	人物美化——应用滤镜去斑		学时	4 学时（180 分钟）	
工作过程	分析制作对象—确定图像参数—确定素材文件—制作图片—保存图片文件				
学习目标	1. 了解人物美化的概念 2. 掌握利用通道操作进行人物去斑的方法 3. 熟悉计算工具的操作 4. 了解亮度/对比度工具的使用 5. 了解曲线工具的使用				
任务描述	将人物脸部的斑去掉				
学时安排	资讯 20 分钟	计划 10 分钟	决策 10 分钟	实施 100 分钟	检查 20 分钟	评价 20 分钟
学生要求	1. 调试好软件 2. 课前做好预习 3. 动手人物去斑美化 4. 创新作品				
参考资料	1. 素材包 2. 微视频 3.PPT				

资讯单 9

学习场	图形图像处理
学习情境	人物美化
学习任务	人物美化——应用滤镜去斑　　学时　　20 分钟
工作过程	分析制作对象—确定图像参数—确定素材文件—制作图片—保存图片文件
搜集资讯	1. 教师讲解 2. 互联网查询 3. 同学交流
资讯描述	查看教师提供的资料，获取信息，便于绘制
学生要求	1. 准备好学习用品及任务书 2. 课前做好预习 3. 动手人物去斑美化 4. 创新作品
参考资料	1. 素材包 2. 微视频 3. PPT

计划单 9

学习场	图形图像处理		
学习情境	人物美化		
学习任务	人物美化——应用滤镜去斑	学时	10 分钟
工作过程	分析制作对象—确定图像参数—确定素材文件—制作图片—保存图片文件		
计划制订	同学分组讨论		

序号	工作步骤	注意事项
1	查看图像文件	
2	查询资料	
3	应用滤镜去斑	

计划评价	班级		第____组	组长签字	
	教师签字		日期		
	评语：				

决策单 9

学习场	图形图像处理		
学习情境	人物美化		
学习任务	人物美化——应用滤镜去斑	学时	10 分钟
工作过程	分析制作对象—确定图像参数—确定素材文件—制作图片—保存图片文件		

计划对比

序号	计划的可行性	计划的经济性	计划的可操作性	计划的实施难度	综合评价
1					
2					
3					
4					
5					
6					
7					
8					
9					
10					
11					

	班级		第_____组	组长签字	
	教师签字		日期		
决策评价	评语:				

实施单 9		
学习场	图形图像处理	
学习情境	人物美化	
学习任务	人物美化——应用滤镜去斑	学时 100 分钟
工作过程	分析制作对象—确定图像参数—确定素材文件—制作图片—保存图片文件	

序号	实施步骤	注意事项
1	打开素材文件	素材人物雀斑 .jpg
2	将背景复制一层并将当前图层切换至复制的图层	在背景层单击鼠标右键，在弹出的右键菜单中选择"复制图层"，再单击"确定"按钮，单击背景复制层
3	单击"通道"面板，依次单击红绿蓝三个通道，找到其中雀斑最明显的一个通道（本图为蓝色通道），将该通道复制一个（本图通道复制后名称为"蓝复制"）	复制通道的方法类似复制图层（用鼠标右键复制通道，新复制的通道在下方）
4	将其他通道隐藏，只保留"蓝复制"，执行"滤镜"→"其他"→"高反差保留"（半径 20）命令	隐藏通道和隐藏图层类似，将通道前的眼睛标志去掉即可
5	执行"图像"→"计算"命令，混合选择"强光"，单击"确定"按钮，在新生成的 Alpha1 通道上再重复执行 2 次此步骤，在最后生成的 Alpha3 通道上单击选中，隐藏其他所有通道	每次执行计算操作就新生成 1 个通道，一共执行 3 次就生成了 3 个通道
6	按住 Ctrl 键的同时单击 Alpha3 通道，选中通道中高亮部分，执行"选择"→"反选"命令，得到暗色部分	暗色部分中包含脸上雀斑
7	单击 RGB 通道，按快捷键 Ctrl+H 隐藏选区，执行"图像"→"调整"→"亮度/对比度"或"曲线"命令，提高亮度直至雀斑变浅至与肤色相近，如无法达到理想效果，则重复第 3～7 步	隐藏选区的目的是手动调节亮度时方便观察效果
8	取消选区，将大部分雀斑去除后的背景复制图层复制一层，得到"背景复制 2"图层，对其执行"滤镜"→"模糊"→"高斯模糊"命令	
9	将"背景复制 2"图层混合模式设为滤色，不透明度设为 50%	

实施说明：
滤镜主要是用来实现图像的各种特殊效果。滤镜的处理效果是以像素为单位的，因此，用相同的参数处理不同分辨率的图像，其效果也会不同

实施评价	班级		第____组	组长签字	
	教师签字		日期		
	评语：				

检查单 9

学习场	图形图像处理			
学习情境	人物美化			
学习任务	人物美化——应用滤镜去斑	学时	20分钟	
工作过程	分析制作对象—确定图像参数—确定素材文件—制作图片—保存图片文件			
序号	检查项目	检查标准	学生自查	教师检查
1	资讯环节	获取相关信息情况		
2	计划环节	高亮选区与人物去斑美化效果的关系		
3	实施环节	人物去斑美化的效果		
4	检查环节	各个环节逐一检查		
检查评价	班级		第_____组	组长签字
	教师签字		日期	
	评语：			

评价单 9

学习场	图形图像处理			
学习情境	人物美化			
学习任务	人物美化——应用滤镜去斑	学时	20分钟	
工作过程	分析制作对象—确定图像参数—确定素材文件—制作图片—保存图片文件			
评价项目	评价子项目	学生自评	组内评价	教师评价
资讯环节	1. 听取教师讲解 2. 互联网查询情况 3. 同学交流情况			
计划环节	1. 查询资料情况 2. 去除雀斑的流程			
实施环节	1. 学习态度 2. 使用软件的熟练程度 3. 作品美观程度 4. 创新作品情况			
最终结果	综合情况			
评价	班级		第_____组	组长签字
	教师签字		日期	
	评语：			

教学引导文设计单 9

学习场	图形图像处理	学习情境	人物美化			
		学习任务	人物美化——应用滤镜去斑			
普适性工作过程 / 典型工作过程		资讯	计划	决策	实施	检查	评价
分析制作对象	教师讲解	同学分组讨论	计划的可行性	使用素材文件	获取相关信息情况	评价学习态度
确定图像参数	互联网查询	查看图片文件最终效果	计划的经济性	设置图像参数	检查图片参数	评价图形参数
确定素材文件	素材包	查询资料	计划的可操作性	选择素材文件	检查素材使用情况	评价素材使用情况
制作图片	根据素材包动手人物去斑美化	设计修图方案	计划的实施难度	素材文件在新建图片中的处理	检查图片效果	软件熟练程度
保存图片文件	了解图形文件的格式	了解图形文件的格式	综合评价	保存图片	检查图形文件的格式	评价作品美观程度

教学反馈单（学生反馈）9

学习场	图形图像处理			
学习情境	人物美化			
学习任务	人物美化——应用滤镜去斑	学时	4 学时（180 分钟）	
工作过程	分析制作对象—确定图像参数—确定素材文件—制作图片—保存图片文件			
调查项目	序号	调查内容	理由描述	
	1	资讯环节		
	2	计划环节		
	3	实施环节		
	4	检查环节		
您对本次课程教学的改进意见：				
调查信息	被调查人姓名		调查日期	

分组单 9

学习场	图形图像处理			
学习情境	人物美化			
学习任务	人物美化——应用滤镜去斑		学时	4 学时（180 分钟）
工作过程	分析制作对象—确定图像参数—确定素材文件—制作图片—保存图片文件			
分组情况	组别	组长	组员	
	1			
	2			
	3			
	……			
分组说明				
班级		教师签字	日期	

教师实施计划单 9

学习场	图形图像处理				
学习情境	人物美化				
学习任务	人物美化——应用滤镜去斑			学时	4 学时（180 分钟）
工作过程	分析制作对象—确定图像参数—确定素材文件—制作图片—保存图片文件				
序号	工作与学习步骤	学时	使用工具	地点	方式	备注
1	资讯情况	20 分钟	互联网			
2	计划情况	10 分钟	计算机			
3	决策情况	10 分钟	计算机			
4	实施情况	100 分钟	Photoshop			
5	检查情况	20 分钟	计算机			
6	评价情况	20 分钟				
班级			教师签字		日期	

成绩报告单 9			
_____班级 _____姓名 图形图像处理 学习场（课程）成绩报告单			
学习场	图形图像处理		
学习情境	人物美化		
学习任务	人物美化——应用滤镜去斑	学时	4学时（180分钟）
评分项	自评	互评	教师评
资讯			
计划			
决策			
实施			
检查			

9.2 项目创新

结合本项目案例，自行查找素材，完成创新作品制作。例如，用自己的照片进行美化。

项目 10　人物美化——应用图层混合改变图片风格

PROJECT 10

10.1　项目表单

项目 10　应用图层混合改变图片风格

学习性工作任务单 10

学习场	图形图像处理		
学习情境	人物美化		
学习任务	人物美化——应用图层混合改变图片风格	学时	4 学时（180 分钟）
工作过程	分析制作对象—确定图像参数—确定素材文件—制作图片—保存图片文件		
学习目标	1. 了解风格化人像图片 2. 掌握利用调整工具和滤镜改变图片风格的方式 3. 熟悉图层混合模式的操作 4. 了解多图层叠加及合并操作 5. 了解智能图层对象的概念		
任务描述	美化人物图片 		
学时安排	资讯 20 分钟　计划 10 分钟　决策 10 分钟　实施 100 分钟　检查 20 分钟　评价 20 分钟		
学生要求	1. 调试好软件 2. 课前做好预习 3. 美化人物 4. 创新作品		
参考资料	1. 素材包 2. 微视频 3. PPT		

资讯单 10

学习场	图形图像处理		
学习情境	人物美化		
学习任务	人物美化——应用图层混合改变图片风格	学时	20分钟
工作过程	分析制作对象—确定图像参数—确定素材文件—制作图片—保存图片文件		
搜集资讯	1. 教师讲解 2. 互联网查询 3. 同学交流		
资讯描述	查看教师提供的资料,获取信息,便于绘制		
学生要求	1. 准备好学习用品及任务书 2. 课前做好预习 3. 制作绘画人物		
参考资料	1. 素材包 2. 微视频 3. PPT		

计划单 10

学习场	图形图像处理		
学习情境	人物美化		
学习任务	人物美化——应用图层混合改变图片风格	学时	10分钟
工作过程	分析制作对象—确定图像参数—确定素材文件—制作图片—保存图片文件		
计划制订	同学分组讨论		

序号	工作步骤	注意事项
1	查看图像文件	
2	查询资料	
3	设计绘画风格的人像实现过程	

计划评价	班级		第____组	组长签字	
	教师签字		日期		
	评语:				

决策单 10

学习场	图形图像处理		
学习情境	人物美化		
学习任务	人物美化——应用图层混合改变图片风格	学时	10 分钟
工作过程	分析制作对象—确定图像参数—确定素材文件—制作图片—保存图片文件		

计划对比					
序号	计划的可行性	计划的经济性	计划的可操作性	计划的实施难度	综合评价
1					
2					
3					
4					
5					
6					
7					
8					
9					
10					
11					

	班级		第____组	组长签字	
	教师签字		日期		
决策评价	评语：				

colspan="4"	实施单 10
学习场	图形图像处理		
学习情境	人物美化		
学习任务	人物美化——应用图层混合改变图片风格	学时	100 分钟
工作过程	分析制作对象—确定图像参数—确定素材文件—制作图片—保存图片文件		

序号	实施步骤	注意事项
1	打开素材文件	素材人物.jpg
2	复制图层，对复制后的图层执行"图像"→"调整"→"去色"命令	在背景层单击鼠标右键，在弹出的右键快捷菜单中选择"复制图层"，再单击"确定"按钮
3	将去色后的背景复制层再复制一层，得到背景复制 2 图层，对"背景复制 2"图层执行"图像"→"调整"→"反相"命令	
4	编辑"背景复制 2"图层	混合模式设为"颜色减淡"
5	对背景复制 2 图层执行"滤镜"→"其他"→"最小值"命令	根据具体图像的不同适当调整半径
6	按住 Shift 键并单击"背景复制 2"图层与背景复制图层将两层选中并合并	合并图层快捷键为 Ctrl+E
7	将合并后的"背景复制 2"图层混合模式设为"柔光"	
8	单击图层面板下方的"创建新的填充或调整图层"按钮，创建纯色图层	根据画纸颜色，通常设为米黄，可根据具体图像的不同适当调整
9	对"颜色填充 1"图层执行"滤镜"→"滤镜库"命令，此时应弹出提示菜单，选择"转换为智能对象"，之后在滤镜库中选择"纹理"→"纹理化"	纹理设为"画布"，缩放 50%，凸现 3，然后单击"确定"
10	将"颜色填充 1"图层混合模式设为"正片叠底"，不透明度为 50%	

实施说明：
图层的混合模式用来设置当前图层如何与下方图层进行颜色混合，以制作出一些特殊的图像融合效果。单击"图层"调板中的"混合模式"下拉列表框，可以看到系统提供的 27 种图层混合模式

实施评价	班级		第____组		组长签字	
	教师签字		日期			
	评语：					

检查单 10

学习场	图形图像处理			
学习情境	人物美化			
学习任务	人物美化——应用图层混合改变图片风格	学时	20 分钟	
工作过程	分析制作对象—确定图像参数—确定素材文件—制作图片—保存图片文件			
序号	检查项目	检查标准	学生自查	教师检查
1	资讯环节	获取相关信息的情况		
2	计划环节	反相图层、最小化产生的人物描边效果		
3	实施环节	绘画人物的效果		
4	检查环节	各个环节逐一检查		
检查评价	班级		第____组	组长签字
	教师签字		日期	
	评语:			

评价单 10

学习场	图形图像处理			
学习情境	人物美化			
学习任务	人物美化——应用图层混合改变图片风格	学时	20 分钟	
工作过程	分析制作对象—确定图像参数—确定素材文件—制作图片—保存图片文件			
评价项目	评价子项目	学生自评	组内评价	教师评价
资讯环节	1. 听取教师讲解 2. 互联网查询情况 3. 同学交流情况			
计划环节	1. 查询资料情况 2. 完成绘画人物的过程			
实施环节	1. 学习态度 2. 使用软件的熟练程度 3. 作品美观程度 4. 创新作品情况			
最终结果	综合情况			
评价	班级		第____组	组长签字
	教师签字		日期	
	评语:			

教学引导文设计单 10

学习场	图形图像处理	学习情境	人物美化			
		学习任务	人物美化——应用图层混合改变图片风格			
普适性工作过程 / 典型工作过程	资讯	计划	决策	实施	检查	评价
分析制作对象	教师讲解	同学分组讨论	计划的可行性	使用素材文件	获取相关信息情况	评价学习态度
确定图像参数	互联网查询	查看图片文件最终效果	计划的经济性	设置图像参数	检查图片参数	评价图形参数
确定素材文件	素材包	查询资料	计划的可操作性	选择素材文件	检查素材使用情况	评价素材使用情况
制作图片	根据素材包动手完成绘画人物	设计修图方案	计划的实施难度	素材文件在新建图片中的处理	检查图片效果	软件熟练程度
保存图片文件	了解图形文件的格式	了解图形文件的格式	综合评价	保存图片	检查图形文件的格式	评价作品美观程度

教学反馈单（学生反馈）10

学习场	图形图像处理			
学习情境	人物美化			
学习任务	人物美化——应用图层混合改变图片风格	学时	4学时（180分钟）	
工作过程	分析制作对象—确定图像参数—确定素材文件—制作图片—保存图片文件			
调查项目	序号	调查内容	理由描述	
	1	资讯环节		
	2	计划环节		
	3	实施环节		
	4	检查环节		
您对本次课程教学的改进意见：				
调查信息	被调查人姓名		调查日期	

分组单 10

学习场	图形图像处理		
学习情境	人物美化		
学习任务	人物美化——应用图层混合改变图片风格	学时	4学时（180分钟）
工作过程	分析制作对象—确定图像参数—确定素材文件—制作图片—保存图片文件		
分组情况	组别	组长	组员
	1		
	2		
	3		
	……		
分组说明			
班级		教师签字	日期

教师实施计划单 10

学习场	图形图像处理				
学习情境	人物美化				
学习任务	人物美化——应用图层混合改变图片风格		学时	4学时（180分钟）	
工作过程	分析制作对象—确定图像参数—确定素材文件—制作图片—保存图片文件				
序号	工作与学习步骤	学时	使用工具	地点	方式	备注
1	资讯情况	20分钟	互联网			
2	计划情况	10分钟	计算机			
3	决策情况	10分钟	计算机			
4	实施情况	100分钟	Photoshop			
5	检查情况	20分钟	计算机			
6	评价情况	20分钟				
班级		教师签字		日期		

成绩报告单 10			
班级　　　　姓名　　　图形图像处理　学习场（课程）成绩报告单			
学习场	图形图像处理		
学习情境	人物美化		
学习任务	人物美化——应用图层混合改变图片风格	学时	4学时（180分钟）
评分项	自评	互评	教师评
资讯			
计划			
决策			
实施			
检查			

10.2　理论指导

10.2.1　图层的混合模式和不透明度

1．图层的混合模式

图层的混合模式用来设置当前图层如何与下方图层进行颜色混合，以制作出一些特殊的图像融合效果。单击"图层"调板中的"混合模式"下拉列表框，可以看到系统提供的27种图层混合模式，如图10-1所示。

2．图层的不透明度

图层的不透明度也可以改变图像的显示效果。用户可以改变图层的两种不透明度：一是图层整体的不透明度；二是图层内容的不透明度即填充不透明度。这种操作只是图层内容受影响，图层样式不受影响。

3．创建新的填充或调整图层

创建新的填充或调整图层可以随时更换其内容，可以通过编辑蒙版来制作融合效果。

图 10-1　图层的混合模式

10.2.2 消失点滤镜

"消失点滤镜"可以在包含透视效果的平面图像中的指定区域操作,并且所有编辑操作都将保持图像原来的透视效果,快捷键是 Ctrl+Shift+V。消失点滤镜不同于平面图像的复制和填充,重点用于透视场景的使用,在使用消失点滤镜时需要先创建透视平面,确认透视平面后,矩形选择或者填充才能够在该场景中使用。

(1)打开"1.JPG"素材。

(2)执行"滤镜"→"消失点"命令,利用"创建平面工具",沿茶几的透视角度单击定义 4 个点。

(3)利用"编辑平面"工具,拖动网格的控制点,调整网格的大小,如图 10-2 所示。

(4)选择"选框工具" 在平面网格内头绳的下方按住鼠标左键并拖动,绘制选区。选区的形状与网格的透视效果相同。

(5)将光标移至选区内,按住 Alt 键,按住鼠标左键并拖动至头绳处,就可以将头绳覆盖了,如图 10-3 所示。

图 10-2 网格调整   图 10-3 消失点覆盖头绳效果

10.3 项目创新

结合本项目案例,自行查找素材,完成创新作品制作。例如,用自己的照片进行美化。

项目 11

人物美化——美化人物皮肤

PROJECT 11

11.1 项目表单

项目 11 美化人物皮肤

	学习性工作任务单 11			
学习场	图形图像处理			
学习情境	污点修复，复杂选区操作，滤镜操作，调整图层			
学习任务	人物美化——美化人物皮肤	学时	4 学时（180 分钟）	
工作过程	分析制作对象—确定图像参数—确定素材文件—制作图片—保存图片文件			
学习目标	1. 掌握"污点修复画笔工具"的使用方法 2. 掌握通过多种选区工具创建复杂选区的方法 3. 熟悉调整图层的创建和使用 4. 熟悉"图像"→"调整"菜单中各种工具的使用场合 5. 了解通过模糊滤镜图层混合实现美化人物皮肤的方法			
任务描述	美化人物			
学时安排	资讯 20 分钟	计划 10 分钟	决策 10 分钟	实施 100 分钟	检查 20 分钟	评价 20 分钟
学生要求	1. 调试好软件 2. 课前做好预习 3. 实现人物美化 4. 创新作品			
参考资料	1. 素材包 2. 微视频 3. PPT			

资讯单 11

学习场	图形图像处理
学习情境	污点修复，复杂选区操作，滤镜操作，调整图层
学习任务	人物美化——美化人物皮肤　　　　学时　　20 分钟
工作过程	分析制作对象—确定图像参数—确定素材文件—制作图片—保存图片文件
搜集资讯	1. 教师讲解 2. 互联网查询 3. 同学交流
资讯描述	查看教师提供的资料，获取信息，便于绘制
学生要求	1. 准备好学习用品及任务书 2. 课前做好预习 3. 制作人物美化
参考资料	1. 素材包 2. 微视频 3. PPT

计划单 11

学习场	图形图像处理		
学习情境	污点修复，复杂选区操作，滤镜操作，调整图层		
学习任务	人物美化——美化人物皮肤	学时	10 分钟
工作过程	分析制作对象—确定图像参数—确定素材文件—制作图片—保存图片文件		
计划制订	同学分组讨论		
序号	工作步骤	注意事项	
1	查看图像文件		
2	查询资料		
3	将人物进行美化处理		
计划评价	班级　　　　　　　　第____组　　组长签字 教师签字　　　　　　日期 评语：		

决策单 11

学习场	图形图像处理			
学习情境	污点修复，复杂选区操作，滤镜操作，调整图层			
学习任务	人物美化——美化人物皮肤		学时	10 分钟
工作过程	分析制作对象—确定图像参数—确定素材文件—制作图片—保存图片文件			

计划对比					
序号	计划的可行性	计划的经济性	计划的可操作性	计划的实施难度	综合评价
1					
2					
3					
4					
5					
6					
7					
8					
9					
10					
11					

决策评价	班级		第____组	组长签字	
	教师签字		日期		
	评语：				

实施单 11	
学习场	图形图像处理
学习情境	污点修复，复杂选区操作，滤镜操作，调整图层
学习任务	人物美化——美化人物皮肤　　　　　　学时　　100 分钟
工作过程	分析制作对象—确定图像参数—确定素材文件—制作图片—保存图片文件

序号	实施步骤	注意事项
1	打开素材文件	"素材人物.jpg"
2	复制背景层，得到"背景复制"图层并选中	
3	用"缩放工具"放大人物面部，利用"污点修复画笔工具"修复人物面部的痣、斑点、皱纹	修复时注意画笔大小，应该设为略大于要修复污点的大小时效果最好
4	使用"减淡工具"多次单击人物眼中的反光区域，产生明目效果	
5	用"多边形套索工具"选择人物嘴部，美化唇色	执行"图像"→"调整"→"色相/饱和度"命令，调节唇色
6	使用"快速选择工具"和"多边形套索工具"选中除五官外的人物面部和颈部	"多边形套索工具"模式为"从选区中减去"，也可用"快速蒙版工具"完成此步骤
7	将"背景复制"图层复制一层，得到"背景复制 2"图层并选中，以之前第 6 步创建的当前选区执行"滤镜"→"模糊"→"高斯模糊"命令，半径为 4，将"背景复制 2"图层混合模式设为"滤色"	此时，人物面部皮肤质感呈现细腻状
8	创建"曲线"调整图层，调整曲线使画面色调对比趋缓	在图层面板下方单击"创建新的填充"或"调整图层"按钮，选择"曲线"
9	创建"照片滤镜"调整图层，使画面整体颜色趋向清新风格	滤镜选"蓝"，浓度 30%

实施说明：
1. "盖印图层"的快捷键为 Ctrl+Alt+Shift+E。其实现结果与"合并图层"的结果类似，即合并覆盖层以生成新层。与"合并图层"不同的是，"盖印图层"在合并层仍然存在的情况下生成新层，以保持其他层的完整性。因为盖印图层不会破坏原始图层，所以一般不会选择直接合并图层，如果对盖印出来的图层不满意，可以随时将其删除。
2. 使用"置入嵌入的智能对象"命令可以将文件嵌入 Photoshop 文档。在 Photoshop CC 中，还可以创建从外部图像文件引用其内容链接的智能对象。当源图像文件更改时，链接智能对象的内容也会更新

实施评价	班级		第＿＿＿组	组长签字	
	教师签字		日期		
	评语：				

检查单 11

学习场	图形图像处理			
学习情境	污点修复，复杂选区操作，滤镜操作，调整图层			
学习任务	人物美化——美化人物皮肤		学时	20 分钟
工作过程	分析制作对象—确定图像参数—确定素材文件—制作图片—保存图片文件			
序号	检查项目	检查标准	学生自查	教师检查
1	资讯环节	获取相关信息的情况		
2	计划环节	各项美化手段是否已使用		
3	实施环节	人物美化的效果		
4	检查环节	各个环节逐一检查		
检查评价	班级		第____组	组长签字
	教师签字		日期	
	评语：			

评价单 11

学习场	图形图像处理			
学习情境	污点修复，复杂选区操作，滤镜操作，调整图层			
学习任务	人物美化——美化人物皮肤		学时	20 分钟
工作过程	分析制作对象—确定图像参数—确定素材文件—制作图片—保存图片文件			
评价项目	评价子项目	学生自评	组内评价	教师评价
资讯环节	1. 听取教师讲解 2. 互联网查询情况 3. 同学交流情况			
计划环节	1. 查询资料情况 2. 完成人物美化的过程			
实施环节	1. 学习态度 2. 使用软件的熟练程度 3. 作品美观程度 4. 创新作品情况			
最终结果	综合情况			
评价	班级		第____组	组长签字
	教师签字		日期	
	评语：			

教学引导文设计单 11

学习场	图形图像处理	学习情境	污点修复，复杂选区操作，滤镜操作，调整图层			
		学习任务	人物美化——美化人物皮肤			
普适性工作过程 / 典型工作过程	资讯	计划	决策	实施	检查	评价
分析制作对象	教师讲解	同学分组讨论	计划的可行性	使用素材文件	获取相关信息情况	评价学习态度
确定图像参数	互联网查询	查看图片文件最终效果	计划的经济性	设置图像参数	检查图片参数	评价图形参数
确定素材文件	素材包	查询资料	计划的可操作性	选择素材文件	检查素材使用情况	评价素材使用情况
制作图片	根据素材包动手完成人物美化	设计修图方案	计划的实施难度	人物美化过程	检查图片效果	软件熟练程度
保存图片文件	了解图形文件的格式	了解图形文件的格式	综合评价	保存图片	检查图形文件的格式	评价作品美观程度

教学反馈单（学生反馈）11

学习场	图形图像处理		
学习情境	污点修复，复杂选区操作，滤镜操作，调整图层		
学习任务	人物美化——美化人物皮肤	学时	4学时（180分钟）
工作过程	分析制作对象—确定图像参数—确定素材文件—制作图片—保存图片文件		
调查项目	序号	调查内容	理由描述
	1	资讯环节	
	2	计划环节	
	3	实施环节	
	4	检查环节	

您对本次课程教学的改进意见：

调查信息	被调查人姓名		调查日期	

分组单 11

学习场	图形图像处理			
学习情境	污点修复，复杂选区操作，滤镜操作，调整图层			
学习任务	人物美化——美化人物皮肤		学时	4学时（180分钟）
工作过程	分析制作对象—确定图像参数—确定素材文件—制作图片—保存图片文件			

分组情况	组别	组长	组员		
	1				
	2				
	3				
	……				

分组说明	

班级		教师签字		日期	

教师实施计划单 11

学习场	图形图像处理			
学习情境	污点修复，复杂选区操作，滤镜操作，调整图层			
学习任务	人物美化——美化人物皮肤		学时	4学时（180分钟）
工作过程	分析制作对象—确定图像参数—确定素材文件—制作图片—保存图片文件			

序号	工作与学习步骤	学时	使用工具	地点	方式	备注
1	资讯情况	20分钟	互联网			
2	计划情况	10分钟	计算机			
3	决策情况	10分钟	计算机			
4	实施情况	100分钟	Photoshop			
5	检查情况	20分钟	计算机			
6	评价情况	20分钟				

班级		教师签字		日期	

成绩报告单 11			
班级　　　　姓名　图形图像处理　学习场（课程）成绩报告单			
学习场	图形图像处理		
学习情境	通道操作、选区操作、图像调整		
学习任务	人物美化——美化人物皮肤	学时	4学时（180分钟）
评分项	自评	互评	教师评
资讯			
计划			
决策			
实施			
检查			

11.2 项目创新

结合本项目案例，自行查找素材，完成创新作品制作。例如，用自己的照片进行美化。

项目 12 图案长裙

12.1 项目表单

项目 12 制作图案长裙

学习性工作任务单 12				
学习场	图形图像处理			
学习情境	图层、选区操作			
学习任务	图案长裙		学时	4 学时（180 分钟）
工作过程	分析制作对象—确定图像参数—确定素材文件—制作图片—保存图片文件			
学习目标	1. 了解选区的存储和载入 2. 掌握多种图层混合模式完成效果的区别 3. 熟悉图层蒙板的使用 4. 了解利用套索工具增加或减去选区的操作 5. 了解置换滤镜的操作			
任务描述	更改裙子图案			
学时安排	资讯 20 分钟	计划 10 分钟	决策 10 分钟	实施 100 分钟	检查 20 分钟	评价 20 分钟
学生要求	1. 调试好软件 2. 课前做好预习 3. 制作图案长裙 4. 创新作品			
参考资料	1. 素材包 2. 微视频 3. PPT			

资讯单 12

学习场	图形图像处理		
学习情境	图层、选区操作		
学习任务	图案长裙	学时	20 分钟
工作过程	分析制作对象—确定图像参数—确定素材文件—制作图片—保存图片文件		
搜集资讯	1. 教师讲解 2. 互联网查询 3. 同学交流		
资讯描述	查看教师提供的资料，获取信息，便于绘制		
学生要求	1. 准备好学习用品及任务书 2. 课前做好预习 3. 制作图案长裙 4. 创新作品		
参考资料	1. 素材包 2. 微视频 3. PPT		

计划单 12

学习场	图形图像处理		
学习情境	图层、选区操作		
学习任务	图案长裙	学时	10 分钟
工作过程	分析制作对象—确定图像参数—确定素材文件—制作图片—保存图片文件		
计划制订	同学分组讨论		

序号	工作步骤	注意事项
1	查看图像文件	
2	查询资料	
3	设计将图案自然地印在白色长裙上的过程	

计划评价	班级		第_____组	组长签字	
	教师签字		日期		
	评语：				

决策单 12

学习场	图形图像处理			
学习情境	图层、选区操作			
学习任务	图案长裙		学时	10 分钟
工作过程	分析制作对象—确定图像参数—确定素材文件—制作图片—保存图片文件			

计划对比				
序号	计划的可行性	计划的经济性	计划的可操作性	计划的实施难度	综合评价
1					
2					
3					
4					
5					
6					
7					
8					
9					
10					
11					

决策评价	班级		第____组	组长签字	
	教师签字		日期		
	评语：				

实施单 12

学习场	图形图像处理		
学习情境	图层、选区操作		
学习任务	图案长裙	学时	100 分钟
工作过程	分析制作对象—确定图像参数—确定素材文件—制作图片—保存图片文件		

序号	实施步骤	注意事项
1	打开素材文件	"素材长裙.jpg"和"素材长裙图案.jpg"
2	解锁"素材长裙.jpg"中背景层为普通图层	在"素材长裙.jpg"图像中单击背景层的锁标志,使之转换为普通图层
3	选中整个连衣裙,多余部分从选区中去除	执行"选择"→"主体"命令,选中人物,用"套索工具"的"添加到选区"或"从选区减去"模式修改选区,只保留衣服部分
4	保存选区	执行"选择"→"存储选区"命令进行保存选区,将选区命名为"长裙"
5	将图案复制过来,放在人物层上	将"素材长裙图案.jpg"的图像复制到"素材长裙.jpg"中,复制后的图案将位于图层 1 中移动
6	载入选区	选中图层 1,执行"选择"→"载入选区"命令,通道选择刚刚保存的"长裙"
7	对图层 1 创建蒙版	选择图层 1,单击"添加图层蒙版"以创建图层蒙版
8	创建衣服褶皱关系的参考图	单击图层 1 左侧的眼睛图标以隐藏图层 1,而后执行"文件"→"另存为"命令在桌面上保存成"褶皱.psd"
9	设置图案的混合模式	重复步骤 8 的前半部分操作以显示图层,将图层 1 的混合模式设为"正片叠底"
10	将褶皱关系载入图案层	对图层 1 执行"滤镜"→"扭曲"→"置换"命令,水平比例设为 0,垂直比例设为 10,选择"伸展以适合""重复边缘像素",单击"确定"按钮后在弹出的对话框中选择刚刚保存的"褶皱.psd"

实施说明:

	班级		第____组	组长签字	
实施评价	教师签字		日期		
	评语:				

检查单 12

学习场	图形图像处理			
学习情境	图层、选区操作			
学习任务	图案长裙		学时	20 分钟
工作过程	分析制作对象—确定图像参数—确定素材文件—制作图片—保存图片文件			
序号	检查项目	检查标准	学生自查	教师检查
1	资讯环节	获取相关信息的情况		
2	计划环节	反相图层、最小化产生的人物描边效果		
3	实施环节	图案长裙的效果		
4	检查环节	各个环节逐一检查		
检查评价	班级		第____组	组长签字
	教师签字		日期	
	评语:			

评价单 12

学习场	图形图像处理			
学习情境	图层、选区操作			
学习任务	图案长裙		学时	20 分钟
工作过程	分析制作对象—确定图像参数—确定素材文件—制作图片—保存图片文件			
评价项目	评价子项目	学生自评	组内评价	教师评价
资讯环节	1. 听取教师讲解 2. 互联网查询情况 3. 同学交流情况			
计划环节	1. 查询资料情况 2. 完成图案长裙的过程			
实施环节	1. 学习态度 2. 使用软件的熟练程度 3. 作品美观程度			
最终结果	综合情况			
评价	班级		第____组	组长签字
	教师签字		日期	
	评语:			

教学引导文设计单 12

学习场	图形图像处理	学习情境	图层、选区操作			
		学习任务	图案长裙			
普适性工作过程 / 典型工作过程	资讯	计划	决策	实施	检查	评价
分析制作对象	教师讲解	同学分组讨论	计划的可行性	使用素材文件	获取相关信息情况	评价学习态度
确定图像参数	互联网查询	查看图片文件最终效果	计划的经济性	设置图像参数	检查图片参数	评价图形参数
确定素材文件	素材包	查询资料	计划的可操作性	选择素材文件	检查素材使用情况	评价素材使用情况
制作图片	根据素材包动手完成图案长裙	设计修图方案	计划的实施难度	选区	检查图片效果	软件熟练程度
保存图片文件	了解图形文件的格式	了解图形文件的格式	综合评价	保存图片	检查图形文件的格式	评价作品美观程度

教学反馈单（学生反馈）12

学习场	图形图像处理			
学习情境	图层、选区操作			
学习任务	图案长裙		学时	4学时（180分钟）
工作过程	分析制作对象—确定图像参数—确定素材文件—制作图片—保存图片文件			
调查项目	序号	调查内容	理由描述	
	1	资讯环节		
	2	计划环节		
	3	实施环节		
	4	检查环节		
您对本次课程教学的改进意见：				
调查信息	被调查人姓名		调查日期	

分组单 12

学习场	图形图像处理			
学习情境	图层、选区操作			
学习任务	图案长裙		学时	4学时（180分钟）
工作过程	分析制作对象—确定图像参数—确定素材文件—制作图片—保存图片文件			

分组情况	组别	组长	组员	
	1			
	2			
	3			
	……			

分组说明	
班级		教师签字		日期	

教师实施计划单 12

学习场	图形图像处理				
学习情境	图层、选区操作				
学习任务	图案长裙		学时	4学时（180分钟）	
工作过程	分析制作对象—确定图像参数—确定素材文件—制作图片—保存图片文件				

序号	工作与学习步骤	学时	使用工具	地点	方式	备注
1	资讯情况	20分钟	互联网			
2	计划情况	10分钟	计算机			
3	决策情况	10分钟	计算机			
4	实施情况	100分钟	Photoshop			
5	检查情况	20分钟	计算机			
6	评价情况	20分钟				

| 班级 | | 教师签字 | | 日期 | |

成绩报告单 12

班级　　　姓名　图形图像处理　学习场（课程）成绩报告单			
学习场	图形图像处理		
学习情境	图层、选区操作		
学习任务	图案长裙	学时	4学时（180分钟）
评分项	自评	互评	教师评
资讯			
计划			
决策			
实施			
检查			

12.2　项目创新

结合本项目案例，自行查找素材，完成创新作品制作。例如，完成自己照片的设计制作。

项目 13 照片换背景

13.1 项目表单

项目 13 照片换背景

学习性工作任务单 13					
学习场	图形图像处理				
学习情境	通道操作、选区操作、图像调整				
学习任务	婚纱照换背景			学时	4 学时（180 分钟）
工作过程	分析制作对象—确定图像参数—确定素材文件—制作图片—保存图片文件				
学习目标	1. 了解通道抠图的基本方法 2. 掌握多种选择工具的使用 3. 熟悉"匹配颜色工具"的使用 4. 了解通过通道或图层建立选区后的透明度关系 5. 了解画布大小的设置方式				
任务描述	将人物婚纱照背景替换成教堂场景				
学时安排	资讯 20 分钟	计划 10 分钟	决策 10 分钟	实施 100 分钟	检查 20 分钟	评价 20 分钟
学生要求	1. 调试好软件 2. 课前做好预习 3. 更换婚纱照背景 4. 创新作品				
参考资料	1. 素材包 2. 微视频 3. PPT				

资讯单 13

学习场	图形图像处理
学习情境	通道操作、选区操作、图像调整
学习任务	婚纱照换背景　　　　　　　　　学时　　20分钟
工作过程	分析制作对象—确定图像参数—确定素材文件—制作图片—保存图片文件
搜集资讯	1. 教师讲解 2. 互联网查询 3. 同学交流
资讯描述	查看教师提供的资料，获取信息，便于绘制
学生要求	1. 准备好学习用品及任务书 2. 课前做好预习 3. 更换婚纱照背景 4. 创新作品情况
参考资料	1. 素材包 2. 微视频 3. PPT

计划单 13

学习场	图形图像处理		
学习情境	通道操作、选区操作、图像调整		
学习任务	婚纱照换背景	学时	10分钟
工作过程	分析制作对象—确定图像参数—确定素材文件—制作图片—保存图片文件		
计划制订	同学分组讨论		

序号	工作步骤	注意事项
1	查看图像文件	
2	查询资料	
3	设计将人物婚纱照背景替换成教堂场景	

计划评价	班级		第＿＿＿组	组长签字	
	教师签字		日期		
	评语：				

决策单 13

学习场	图形图像处理			
学习情境	通道操作、选区操作、图像调整			
学习任务	婚纱照换背景		学时	10 分钟
工作过程	分析制作对象—确定图像参数—确定素材文件—制作图片—保存图片文件			

计划对比

序号	计划的可行性	计划的经济性	计划的可操作性	计划的实施难度	综合评价
1					
2					
3					
4					
5					
6					
7					
8					
9					
10					
11					

决策评价	班级		第____组	组长签字	
	教师签字		日期		
	评语：				

实施单 13

学习场	图形图像处理		
学习情境	通道操作、选区操作、图像调整		
学习任务	婚纱照换背景	学时	100 分钟
工作过程	分析制作对象—确定图像参数—确定素材文件—制作图片—保存图片文件		

序号	实施步骤	注意事项
1	打开素材文件	"素材背景 .jpg"和"素材人物 .jpg"
2	将"素材人物 .jpg"的背景复制一层	
3	复制红色通道,并显示复制后的通道,隐藏其他通道	切换至通道面板,依次查看红、绿、蓝三个通道,找到人物和背景对比最明显的通道,本例中为红色通道
4	使用"磁性套索工具"选中人物实体的轮廓,用"画笔工具"涂抹成白色	
5	仿照上一操作,用画笔将背景涂黑	执行"选择"→"主体"命令,然后执行"选择"→"反选"命令,使用"磁性套索工具"修补瑕疵部分后,用画笔将背景涂黑
6	通过"红复制"通道建立选区,将光标切回"背景复制"图层并显示,执行复制、粘贴操作,得到图层 1	按住 Ctrl 键的同时单击"红复制"通道建立选区,完成此步骤后可见图层 1 的人物婚纱透明部分已经从原来的背景中剥离出来了
7	将"素材背景 .jpg"复制到"素材人物 .jpg"的工作区中,得到图层 2	将其移动到图层 1 的下方
8	使人物与背景的比例合理化	利用"编辑"→"自由变换"操作分别调整图层 1 和图层 2 的大小
9	将画布高度减小,宽度增大	执行"图像"→"画布大小"命令调整图像宽高比例为宽125%,高75%,中下方定位
10	调整图层 1 的颜色使之与背景匹配	对图层 1 执行"图像"→"调整"→"匹配颜色"命令,得到最终效果

实施说明:

	班级		第____组		组长签字	
实施评价	教师签字		日期			
	评语:					

检查单 13

学习场	图形图像处理			
学习情境	通道操作、选区操作、图像调整			
学习任务	婚纱照换背景		学时	20 分钟
工作过程	分析制作对象—确定图像参数—确定素材文件—制作图片—保存图片文件			
序号	检查项目	检查标准	学生自查	教师检查
1	资讯环节	获取相关信息的情况		
2	计划环节	婚纱透明度的保留效果		
3	实施环节	婚纱照换背景的效果		
4	检查环节	各个环节逐一检查		
检查评价	班级		第_____组	组长签字	
	教师签字		日期		
	评语：				

评价单 13

学习场	图形图像处理			
学习情境	通道操作、选区操作、图像调整			
学习任务	婚纱照换背景		学时	10 分钟
工作过程	分析制作对象—确定图像参数—确定素材文件—制作图片—保存图片文件			
评价项目	评价子项目	学生自评	组内评价	教师评价
资讯环节	1. 听取教师讲解 2. 互联网查询情况 3. 同学交流情况			
计划环节	1. 查询资料情况 2. 完成婚纱照换背景的过程			
实施环节	1. 学习态度 2. 使用软件的熟练程度 3. 作品美观程度 4. 创新作品情况			
最终结果	综合情况			
评价	班级		第_____组	组长签字	
	教师签字		日期		
	评语：				

教学引导文设计单 13

学习场	图形图像处理	学习情境	通道操作、选区操作、图像调整			
		学习任务	婚纱照换背景			
普适性工作过程 / 典型工作过程	资讯	计划	决策	实施	检查	评价
分析制作对象	教师讲解	同学分组讨论	计划的可行性	使用素材文件	获取相关信息情况	评价学习态度
确定图像参数	互联网查询	查看图片文件最终效果	计划的经济性	设置图像参数	检查图片参数	评价图形参数
确定素材文件	素材包	查询资料	计划的可操作性	选择素材文件	检查素材使用情况	评价素材使用情况
制作图片	根据素材包动手完成婚纱照换背景	设计修图方案	计划的实施难度	选区	检查图片效果	软件熟练程度
保存图片文件	了解图形文件的格式	了解图形文件的格式	综合评价	保存图片	检查图形文件的格式	评价作品美观程度

教学反馈单（学生反馈）13

学习场	图形图像处理			
学习情境	通道操作、选区操作、图像调整			
学习任务	婚纱照换背景		学时	4学时（180分钟）
工作过程	分析制作对象—确定图像参数—确定素材文件—制作图片—保存图片文件			
调查项目	序号	调查内容	理由描述	
	1	资讯环节		
	2	计划环节		
	3	实施环节		
	4	检查环节		
您对本次课程教学的改进意见：				
调查信息	被调查人姓名		调查日期	

分组单 13

学习场	图形图像处理
学习情境	通道操作、选区操作、图像调整
学习任务	婚纱照换背景　　　　　　　　　　学时　　4 学时（180 分钟）
工作过程	分析制作对象—确定图像参数—确定素材文件—制作图片—保存图片文件

分组情况	组别	组长	组员
	1		
	2		
	3		
	……		

分组说明	

班级		教师签字		日期	

教师实施计划单 13

学习场	图形图像处理
学习情境	通道操作、选区操作、图像调整
学习任务	婚纱照换背景　　　　　　　　　　学时　　4 学时（180 分钟）
工作过程	分析制作对象—确定图像参数—确定素材文件—制作图片—保存图片文件

序号	工作与学习步骤	学时	使用工具	地点	方式	备注
1	资讯情况	20 分钟	互联网			
2	计划情况	10 分钟	计算机			
3	决策情况	10 分钟	计算机			
4	实施情况	100 分钟	Photoshop			
5	检查情况	20 分钟	计算机			
6	评价情况	20 分钟				

班级		教师签字		日期	

成绩报告单 13				
班级　　　姓名　　图形图像处理　学习场（课程）成绩报告单				
学习场	图形图像处理			
学习情境	通道操作、选区操作、图像调整			
学习任务	婚纱照换背景		学时	4 学时（180 分钟）
评分项	自评		互评	教师评
资讯				
计划				
决策				
实施				
检查				

13.2　项目创新

结合本项目案例，自行查找素材，完成创新作品制作。例如，用自己的照片进行美化。

项目 14 制作动感汽车图像

14.1 项目表单

项目 14 制作动感汽车图像

学习性工作任务单 14			
学习场	图形图像处理		
学习情境	多种抠图工具复合抠图操作、图像颜色调整、滤镜和蒙版操作		
学习任务	制作动感汽车图像	学时	4 学时(180 分钟)
工作过程	分析制作对象—确定图像参数—确定素材文件—制作图片—保存图片文件		
学习目标	1. 了解图像整体色调的含义 2. 掌握复合抠图操作方法 3. 熟悉匹配颜色操作 4. 了解滤镜和图层蒙板操作		
任务描述	利用给定的素材制作动感汽车图像		
学时安排	资讯 20 分钟　计划 10 分钟　决策 10 分钟　实施 100 分钟　检查 20 分钟　评价 20 分钟		
学生要求	1. 调试好软件 2. 课前做好预习 3. 动手制作动感汽车图像		
参考资料	1. 素材包 2. 微视频 3. PPT		

资讯单 14

学习场	图形图像处理		
学习情境	多种抠图工具复合抠图操作、图像颜色调整、滤镜和蒙版操作		
学习任务	制作动感汽车图像	学时	20 分钟
工作过程	分析制作对象—确定图像参数—确定素材文件—制作图片—保存图片文件		
搜集资讯	1. 教师讲解 2. 互联网查询 3. 同学交流		
资讯描述	查看教师提供的资料，获取信息，便于绘制		
学生要求	1. 准备好学习用品及任务书 2. 课前做好预习 3. 动手制作动感汽车图像 4. 创新作品		
参考资料	1. 素材包 2. 微视频 3. PPT		

计划单 14

学习场	图形图像处理		
学习情境	多种抠图工具复合抠图操作、图像颜色调整、滤镜和蒙版操作		
学习任务	制作动感汽车图像	学时	10 分钟
工作过程	分析制作对象—确定图像参数—确定素材文件—制作图片—保存图片文件		
计划制订	同学分组讨论		

序号	工作步骤	注意事项
1	查看图像文件	
2	查询资料	
3	制作动感汽车图像	

班级		第____组	组长签字	
教师签字		日期		

计划评价	评语：

决策单 14

学习场	图形图像处理		
学习情境	多种抠图工具复合抠图操作、图像颜色调整、滤镜和蒙版操作		
学习任务	制作动感汽车图像	学时	10 分钟
工作过程	分析制作对象—确定图像参数—确定素材文件—制作图片—保存图片文件		

计划对比

序号	计划的可行性	计划的经济性	计划的可操作性	计划的实施难度	综合评价
1					
2					
3					
4					
5					
6					
7					
8					
9					
10					
11					

决策评价	班级		第____组	组长签字	
	教师签字		日期		
	评语：				

实施单 14

学习场	图形图像处理		
学习情境	多种抠图工具复合抠图操作、图像颜色调整、滤镜和蒙版操作		
学习任务	制作动感汽车图像	学时	100 分钟
工作过程	分析制作对象—确定图像参数—确定素材文件—制作图片—保存图片文件		

序号	实施步骤	注意事项
1	打开素材文件	"素材汽车.jpg""素材背景.jpg"
2	在"素材汽车.jpg"上利用"主体选择工具"和"套索工具"抠出汽车主体	主体选择后,利用"套索工具"中"添加到选区"和"从选区减去"功能修改不完善的边缘部分
3	将抠出的汽车复制到"背景素材.jpg"中	利用"自由变换"命令(快捷键 Ctrl+T)调整汽车大小,执行"图像"→"调整"→"匹配颜色"命令,使汽车层与背景层色调趋于一致
4	按住 Ctrl 键单击汽车图层选中汽车轮廓,新建图层 2 并移动到汽车层下方	利用"变换选区工具"将选区变为汽车阴影位置
5	在图层 2 中填充选区为黑色,取消选区,执行"滤镜"→"模糊"→"高斯模糊"命令并调整图层不透明度以制作汽车阴影	夜间由于光线来源于多方向,阴影不宜过浓
6	将汽车层复制一层,在复制的图层上执行"滤镜"→"模糊"→"动感模糊"命令	
7	对汽车复制图层添加图层蒙版,选中蒙版,选择"渐变工具",渐变方式为对称渐变,将前景色设为黑色,背景色设为白色,在车头位置向车侧面执行渐变	在蒙版上执行黑白渐变是为了创建渐变的透明区域
8	利用"套索工具"选择汽车层的两个前轮,并分别复制为图层 3 和图层 4	
9	对图层 3 和图层 4 分别执行"滤镜"→"模糊"→"动感模糊"命令,使其模拟出正在旋转的效果	

实施说明:

	班级		第_____组	组长签字	
实施评价	教师签字		日期		
	评语:				

检查单 14

学习场	图形图像处理			
学习情境	多种抠图工具复合抠图操作、图像颜色调整、滤镜和蒙版操作			
学习任务	制作动感汽车图像		学时	20 分钟
工作过程	分析制作对象—确定图像参数—确定素材文件—制作图片—保存图片文件			
序号	检查项目	检查标准	学生自查	教师检查
1	资讯环节	获取相关信息的情况		
2	计划环节	不同选区工具抠图与动感汽车图像效果的关系		
3	实施环节	制作动感汽车图像的效果		
4	检查环节	各个环节逐一检查		
检查评价	班级		第____组	组长签字
	教师签字		日期	
	评语:			

评价单 14

学习场	图形图像处理			
学习情境	多种抠图工具复合抠图操作、图像颜色调整、滤镜和蒙版操作			
学习任务	制作动感汽车图像		学时	20 分钟
工作过程	分析制作对象—确定图像参数—确定素材文件—制作图片—保存图片文件			
评价项目	评价子项目	学生自评	组内评价	教师评价
资讯环节	1. 听取教师讲解 2. 互联网查询情况 3. 同学交流情况			
计划环节	1. 查询资料情况 2. 抠图纯净度的效果 3. 图像整体颜色效果			
实施环节	1. 学习态度 2. 使用软件的熟练程度 3. 作品美观程度 4. 创新作品情况			
最终结果	综合情况			
评价	班级		第____组	组长签字
	教师签字		日期	
	评语:			

教学引导文设计单 14

学习场	图形图像处理	学习情境	多种抠图工具复合抠图操作、图像颜色调整、滤镜和蒙版操作			
		学习任务	制作动感汽车图像			
普适性工作过程 / 典型工作过程	资讯	计划	决策	实施	检查	评价
分析制作对象	教师讲解	同学分组讨论	计划的可行性	使用素材文件	获取相关信息情况	评价学习态度
确定图像参数	互联网查询	查看图片文件最终效果	计划的经济性	设置图像参数	检查图片参数	评价图形参数
确定素材文件	素材包	查询资料	计划的可操作性	选择素材文件	检查素材使用情况	评价素材使用情况
制作图片	根据素材包动手制作动感汽车图像	设计抠图方案	计划的实施难度	素材文件在新建图片中的处理	检查图片效果	软件熟练程度
保存图片文件	了解图形文件的格式	了解图形文件的格式	综合评价	保存图片	检查图形文件的格式	评价作品美观程度

教学反馈单（学生反馈）14

学习场	图形图像处理			
学习情境	多种抠图工具复合抠图操作、图像颜色调整、滤镜和蒙版操作			
学习任务	制作动感汽车图像		学时	4学时（180分钟）
工作过程	分析制作对象—确定图像参数—确定素材文件—制作图片—保存图片文件			
调查项目	序号	调查内容	理由描述	
	1	资讯环节		
	2	计划环节		
	3	实施环节		
	4	检查环节		
您对本次课程教学的改进意见：				
调查信息	被调查人姓名		调查日期	

分组单 14

学习场	图形图像处理				
学习情境	多种抠图工具复合抠图操作、图像颜色调整、滤镜和蒙版操作				
学习任务	制作动感汽车图像		学时	4学时（180分钟）	
工作过程	分析制作对象—确定图像参数—确定素材文件—制作图片—保存图片文件				
分组情况	组别	组长		组员	
	1				
	2				
	3				
	……				
分组说明					
班级		教师签字		日期	

教师实施计划单 14

学习场	图形图像处理				
学习情境	多种抠图工具复合抠图操作、图像颜色调整、滤镜和蒙版操作				
学习任务	制作动感汽车图像		学时	4学时（180分钟）	
工作过程	分析制作对象—确定图像参数—确定素材文件—制作图片—保存图片文件				
序号	工作与学习步骤	学时	使用工具	地点	方式	备注
1	资讯情况	20分钟	互联网			
2	计划情况	10分钟	计算机			
3	决策情况	10分钟	计算机			
4	实施情况	100分钟	Photoshop			
5	检查情况	20分钟	计算机			
6	评价情况	20分钟				
班级		教师签字		日期		

成绩报告单 14

_____班级 _____姓名 图形图像处理 学习场（课程）成绩报告单			
学习场	图形图像处理		
学习情境	多种抠图工具复合抠图操作、图像颜色调整、滤镜和蒙版操作		
学习任务	制作动感汽车图像	学时	4学时（180分钟）
评分项	自评	互评	教师评
资讯			
计划			
决策			
实施			
检查			

14.2 理论指导

新版的 Photoshop CC 在"魔棒工具"处多加了一个选择主体的操作，可以减少反选操作的使用，减少操作步骤，提高效率。

14.3 项目创新

结合本项目案例，自行查找素材，完成创新作品制作。例如，用帅气的摩托车进行图片的制作处理。

项目 15 设计包装

项目15 设计包装

15.1 项目表单

学习性工作任务单 15			
学习场	图形图像处理		
学习情境	图层混合选项、多工作区操作、3D 图层概念		
学习任务	包装设计	学时	4 学时（180 分钟）
工作过程	分析制作对象—确定图像参数—确定素材文件—制作图片—保存图片文件		
学习目标	1. 掌握"渐变工具"的使用 2. 了解图层合并和图层盖印的区别 3. 掌握通过"消失点工具"创建 3D 图层的方法 4. 掌握图层混合模式中描边的使用方式 5. 了解置入链接对象与粘贴普通图层的区别		
任务描述	设计咖啡产品包装效果图		
学时安排	资讯 20 分钟 / 计划 10 分钟 / 决策 10 分钟 / 实施 100 分钟 / 检查 20 分钟 / 评价 20 分钟		
学生要求	1. 调试好软件 2. 课前做好预习 3. 实现包装设计 4. 创新作品		
参考资料	1. 素材包 2. 微视频 3. PPT		

资讯单 15

学习场	图形图像处理		
学习情境	图层混合选项、多工作区操作、3D 图层概念		
学习任务	包装设计	学时	20 分钟
工作过程	分析制作对象—确定图像参数—确定素材文件—制作图片—保存图片文件		
搜集资讯	1. 教师讲解 2. 互联网查询 3. 同学交流		
资讯描述	查看教师提供的资料，获取信息，便于绘制		
学生要求	1. 准备好学习用品及任务书 2. 课前做好预习 3. 制作包装设计 4. 创新作品		
参考资料	1. 素材包 2. 微视频 3. PPT		

计划单 15

学习场	图形图像处理		
学习情境	图层混合选项、多工作区操作、3D 图层概念		
学习任务	包装设计	学时	10 分钟
工作过程	分析制作对象—确定图像参数—确定素材文件—制作图片—保存图片文件		
计划制订	同学分组讨论		
序号	工作步骤	注意事项	
1	查看图像文件		
2	查询资料		
3	设计包装		
计划评价	班级　　　　　　　　第_____组　　组长签字 教师签字　　　　　　　日期 评语：		

决策单 15

学习场	图形图像处理			
学习情境	图层混合选项、多工作区操作、3D 图层概念			
学习任务	包装设计		学时	10 分钟
工作过程	分析制作对象—确定图像参数—确定素材文件—制作图片—保存图片文件			

计划对比				
序号	计划的可行性	计划的经济性	计划的可操作性	计划的实施难度	综合评价
1					
2					
3					
4					
5					
6					
7					
8					
9					
10					
11					

决策评价	班级		第____组	组长签字	
	教师签字		日期		
	评语：				

实施单 15

学习场	图形图像处理		
学习情境	图层混合选项、多工作区操作、3D 图层概念		
学习任务	包装设计	学时	100 分钟
工作过程	分析制作对象—确定图像参数—确定素材文件—制作图片—保存图片文件		

序号	实施步骤	注意事项
1	新建 800 像素 ×800 像素的空白图像	
2	利用"渐变工具"创建前景色设咖啡色,背景色设浅咖啡色的渐变效果	将前景色设为咖啡色,背景色设为浅咖啡色,利用"渐变工具",模式为"对称渐变",创建渐变效果
3	打开素材文件"素材丝带.png",将其复制粘贴到新创建的图像中,得到图层 2	
4	执行"编辑"→"自由变换"命令放大图层 2	
5	新建图层 3,并填充为咖啡色	单击"创建新图层"按钮新建图层 3
6	按住 Ctrl 键的同时单击图层 2 创建选区,选中图层 3,单击"添加图层蒙版"按钮为图层 3 添加图层蒙版	
7	盖印图层得到图层 4	按快捷键 Ctrl+Alt+Shift+E 盖印图层
8	将"素材咖啡.jpg"导入工作区,利用"自由变换工具"调整大小,并用"移动工具"将图层中的咖啡杯置于屏幕中心	执行"文件"→"置入链接的智能对象"命令,将"素材咖啡.jpg"导入工作区
9	利用"椭圆选择工具"创建正圆形选区,对"素材咖啡"图层创建图层蒙版	按住 Shift 键在咖啡杯周围创建正圆形选区
10	对"素材咖啡"图层创建外圈是白色、内圈是金色的描边效果	对"素材咖啡"图层单击鼠标右键,在弹出的右键快捷菜单选择"混合选项",在弹出窗口中找到"描边",单击右侧的加号再创建一个"描边",勾选两个"描边"前边的复选框,第一个描边中颜色设为金色,位置为外部,大小为 20 像素,第二个描边中颜色设为白色,位置为外部,大小为 30 像素
11	盖印图层得到图层 5,全选并复制图层 5	按快捷键 Ctrl+Alt+Shift+E 盖印图层
12	打开文件"素材盒子.jpg",复制背景层	
13	执行"滤镜"→"消失点"命令,在弹出窗口中使用"创建平面工具"创建匹配盒子正面的平面,粘贴并用"选框工具"拖动上面步骤 11 复制的图层 5 到平面中,如果大小不合适可按 T 键进行调整	
14	仿照步骤 11 和步骤 13,分别将盒子的两个侧面用新建图中的图层 4 覆盖	
15	将"背景复制"图层混合模式设为"正片叠底",不透明度为 85%	

实施说明:

1."盖印图层"为快捷键 Ctrl+Alt+Shift+E。其实现结果与"合并图层"的结果类似,即合并覆盖层以生成新层。与"合并图层"不同,"盖印图层"在合并层仍然存在的情况下生成新层,以保持其他层的完整性。因为盖印图层不会破坏原始图层,所以一般不会选择直接合并图层,如果对盖印出来的图层不满意,可以随时将其删除。

2. 使用"置入嵌入的智能对象"命令可以将文件嵌入 Photoshop 文档。在 Photoshop CC 中,还可以创建从外部图像文件引用其内容链接的智能对象。当源图像文件更改时,链接智能对象的内容也会更新。

实施评价	班级		第____组	组长签字	
	教师签字		日期		
	评语:				

检查单 15

学习场	图形图像处理			
学习情境	图层混合选项、多工作区操作、3D 图层概念			
学习任务	包装设计		学时	20 分钟
工作过程	分析制作对象—确定图像参数—确定素材文件—制作图片—保存图片文件			
序号	检查项目	检查标准	学生自查	教师检查
1	资讯环节	获取相关信息的情况		
2	计划环节	包装图的 3D 效果是否能顺利实现		
3	实施环节	包装设计的效果		
4	检查环节	各个环节逐一检查		
检查评价	班级		第____组	组长签字
	教师签字		日期	
	评语:			

评价单 15

学习场	图形图像处理			
学习情境	图层混合选项、多工作区操作、3D 图层概念			
学习任务	包装设计		学时	20 分钟
工作过程	分析制作对象—确定图像参数—确定素材文件—制作图片—保存图片文件			
评价项目	评价子项目	学生自评	组内评价	教师评价
资讯环节	1. 听取教师讲解 2. 互联网查询情况 3. 同学交流情况			
计划环节	1. 查询资料情况 2. 完成包装设计的过程			
实施环节	1. 学习态度 2. 使用软件的熟练程度 3. 作品美观程度 4. 创新作品情况			
最终结果	综合情况			
评价	班级		第____组	组长签字
	教师签字		日期	
	评语:			

教学引导文设计单 15

学习场	图形图像处理	学习情境	图层混合选项、多工作区操作操作、3D 图层概念			
		学习任务	包装设计			
普适性工作过程 / 典型工作过程	资讯	计划	决策	实施	检查	评价
分析制作对象	教师讲解	同学分组讨论	计划的可行性	使用素材文件	获取相关信息情况	评价学习态度
确定图像参数	互联网查询	查看图片文件最终效果	计划的经济性	设置图像参数	检查图片参数	评价图形参数
确定素材文件	素材包	查询资料	计划的可操作性	选择素材文件	检查素材使用情况	评价素材使用情况
制作图片	根据素材包动手完成包装设计	设计修图方案	计划的实施难度	包装设计过程	检查图片效果	软件熟练程度
保存图片文件	了解图形文件的格式	了解图形文件的格式	综合评价	保存图片	检查图形文件的格式	评价作品美观程度

教学反馈单（学生反馈）15

学习场	图形图像处理			
学习情境	图层混合选项、多工作区操作、3D 图层概念			
学习任务	包装设计		学时	4 学时（180 分钟）
工作过程	分析制作对象—确定图像参数—确定素材文件—制作图片—保存图片文件			
调查项目	序号	调查内容	理由描述	
	1	资讯环节		
	2	计划环节		
	3	实施环节		
	4	检查环节		
您对本次课程教学的改进意见：				
调查信息	被调查人姓名		调查日期	

分组单 15

学习场	图形图像处理			
学习情境	图层混合选项、多工作区操作、3D 图层概念			
学习任务	包装设计	学时	4 学时（180 分钟）	
工作过程	分析制作对象—确定图像参数—确定素材文件—制作图片—保存图片文件			
分组情况	组别	组长	组员	
	1			
	2			
	3			
	……			
分组说明				
班级		教师签字		日期

教师实施计划单 15

学习场	图形图像处理				
学习情境	图层混合选项、多工作区操作、3D 图层概念				
学习任务	包装设计		学时	4 学时（180 分钟）	
工作过程	分析制作对象—确定图像参数—确定素材文件—制作图片—保存图片文件				
序号	工作与学习步骤	学时	使用工具	地点	方式	备注
1	资讯情况	20 分钟	互联网			
2	计划情况	10 分钟	计算机			
3	决策情况	10 分钟	计算机			
4	实施情况	100 分钟	Photoshop			
5	检查情况	20 分钟	计算机			
6	评价情况	20 分钟				
班级		教师签字			日期	

成绩报告单 15

	班级　　　姓名　　图形图像处理　学习场（课程）成绩报告单		
学习场	图形图像处理		
学习情境	图层混合选项、多工作操作、3D 图层操作		
学习任务	包装设计	学时	4 学时（180 分钟）
评分项	自评	互评	教师评
资讯			
计划			
决策			
实施			
检查			

15.2　项目创新

结合本项目案例，自行查找素材，完成创新作品制作。例如，完成月饼盒、饮料盒、各种包装盒的设计制作。

参考文献

［1］刘宏，张昉. Photoshop cc 平面设计［M］. 北京：北京理工大学出版社，2019.
［2］潘鲁生. Photoshop 图像处理与创意设计案例教程［M］. 北京：清华大学出版社，2007.
［3］亿瑞设计. Photoshop cc 中文版从入门到精通［M］. 北京：清华大学出版社，2018.